Juan C. Castro
Marianela Cobos
Jorge Luis Marapara

Protocolos Básicos de Biología Molecular

Juan C. Castro
Marianela Cobos
Jorge Luis Marapara

Protocolos Básicos de Biología Molecular

Técnicas y fundamentos

Editorial Académica Española

Publisher:
Editorial Académica Española
is a trademark of
International Book Market Service Ltd., member of OmniScriptum Publishing Group
17 Meldrum Street, Beau Bassin 71504, Mauritius
Printed at: see last page
ISBN: 978-620-2-14920-4

1

Cálculos bioquímicos y preparación de soluciones

Resumen

La aplicación de procedimientos básicos en el laboratorio requiere de consideraciones de bioseguridad entre otros aspectos. Asimismo, el investigador debe saber realizar los cálculos matemáticos para la preparación de soluciones que usará en su investigación, de esto depende la obtención de resultados confiables. En este capítulo del libro se incluye las ecuaciones y los cálculos requeridos para preparar soluciones molares, normales y porcentuales, así como para la elaboración de tampones (Buffers) más empleados en los ensayos bioquímicos y moleculares. El conocimiento de estos procedimientos es fundamental para estudiantes, tesistas e investigadores que realizan análisis bioquímicos y moleculares.

Palabras clave: cálculos bioquímicos, soluciones

1.   Introducción

1.1. Generalidades

Para un adecuado desempeño de los investigadores en el laboratorio, estos deben conocer y aplicar una serie de procedimientos básicos que son fundamentales y de uso común en el laboratorio, además de aplicar las medidas de bioseguridad, debe saber hacer los cálculos bioquímicos de manera correcta para preparar las diversas soluciones que se requieran en los experimentos bioquímicos y los trabajos en biología molecular. En las técnicas analíticas y de purificación utilizadas en el laboratorio (1). En la práctica diaria del trabajo de laboratorio, es necesario la continua preparación de soluciones que permitirá efectuar el trabajo de investigación, asimismo, estas soluciones siguen un patrón de preparación regido bajo una concentración ya sea molar, normal, porcentual, molal, etc.

Para ello es indispensable el conocimiento de las fórmulas básicas, así como las unidades de medición designadas por el sistema internacional (SI) (1,2). Para la preparación de las soluciones se debe pesar exactamente el reactivo o reactivos (sólidos), tomar el volumen exacto (líquidos) a fin de minimizar los errores que pueden generar resultados experimentales poco confiables (2).

1.2. Molaridad (M) (mol/L)

Una solución molar se define como 1 mol del compuesto disuelto en un litro de solución (1 mol/L= peso molecular en gramos por litro de solución). Cuando la solución molar se prepara con un soluto sólido se debe emplear la siguiente ecuación: (3,5)

$$M = \frac{g}{(PM)(VL)}$$

Donde:
M = molaridad
g = gramos
PM = peso molecular
V_L = volumen en litros

Pero si el soluto es un líquido se empleará la ecuación:

$$M = \frac{(C\%)(\rho)(10)}{PM}$$

Donde:
M = molaridad
$C\%$ = porcentaje del soluto
ρ = densidad del soluto
PM = peso molecular

1.3. Normalidad (N)

Es el número de equivalentes gramos (# eq.g) de soluto disueltos en un litro de solución. Para calcular N, tenemos que conocer el peso del soluto disuelto y su peso equivalente (PE=mg/N° de equivalentes). El peso equivalente (PE) de un ácido o una base es el átomo gramo (1mol) de hidrógeno sustituible o un ion gramo (1 mol) de hidroxilo sustituible. El PE de un compuesto que interviene en una reacción rédox, es el peso que da o acepta 1 Faraday (1 mol de electrones) (3,5)

$$N = \frac{g}{(PE)(VL)} \qquad\qquad PE = \frac{PM}{n}$$

Donde:

N = normallidad
PE = peso equivalente
VL = volumen en litros
n = número de H⁺ y OH⁻ sustituibles

1.4. *Soluciones porcentuales (p/v)* (3,5)

$$\% = \frac{g}{VmL \; x \; 100}$$

Donde:
% = porcentaje de la solución
g = gramos
VmL = volumen de la solución en ml

1.5. *Soluciones porcentuales v/v* (3,5)

$$\% = \frac{mL}{VmL \; x \; 100}$$

Donde:
% = porcentaje de la solución
ml = volumen del soluto en ml.
VmL = volumen de la solución en mL

Independientemente de las unidades de concentración de la solución (M, N, %, etc.), es posible preparar soluciones más diluidas, empleando la siguiente ecuación:

$$(C_i)(V_i) = (C_f)(V_f)$$

Donde:
C_i = concentración inicial
V_i = volumen inicial
C_f = concentración final
V_f = concentración final

1.6. *Diluciones*

Si se requiere tener concentraciones diluidas de una solución se puede proceder de la siguiente manera:

Solucion 1 en 2   1 mL de Soluto y 1 mL de Solvente
Solucion 1 en 3   1 mL de Soluto y 2 mL de Solvente
Solucion 1 en 5   1 mL de Soluto y 4 mL de Solvente
Solucion 1 en 10   1 mL de Soluto y 9 mL de Solvente
Solucion 1 en 100   1 mL de Soluto y 99 mL de Solvente
Solucion 1 en 1000   1 mL de Soluto y 999 mL de Solvente

1.7. *Diluciones sucesivas*

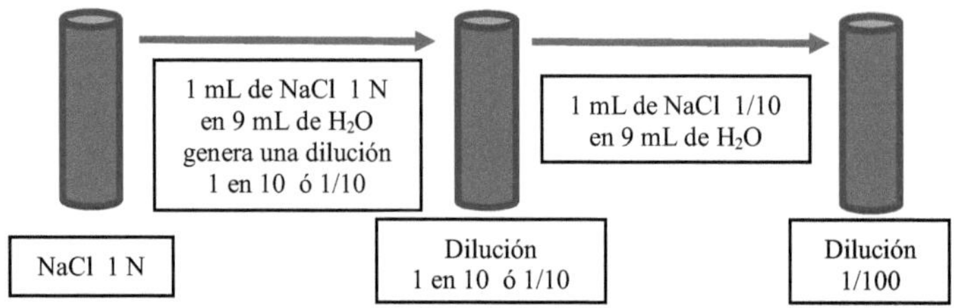

Otras diluciones como para la medicion espectrofotometrica de proteinas y acidos nucleicos.

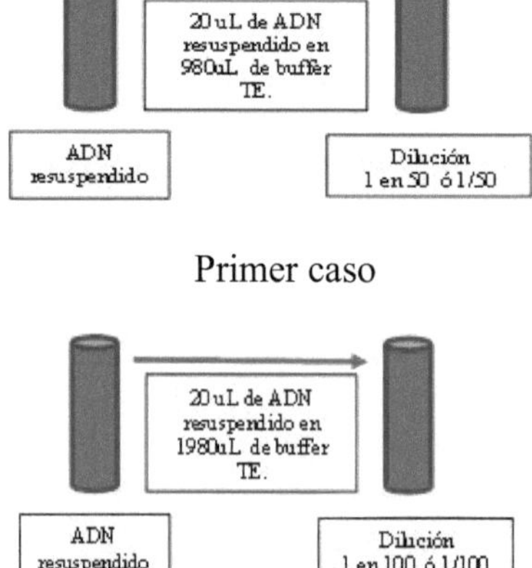

Primer caso

Segundo caso

1.8. Soluciones Tampón

1.8.1. Disociación del Agua o ionización del agua (5)

La probabilidad de que exista un protón de hidrogeno libre en una solución de agua pura es $1,8 \times 10^{-9}$(4)

Así: $H_2O \xrightleftharpoons{\quad Kd \quad} H^+ + OH^-$

La constante de equilibrio viene dada por:

$$Keq = \frac{[H^+][OH^-]}{[H_2O]}$$

Entendiéndose que la Concentración Molar del Agua es igual al Volumen/Peso Molecular, entonces se tiene que es igual a 55,56 M, relacionando la presencia de protón libre con la concentración, tenemos que la concentración de iones de Hidrogeno es 1×10^{-7} mol/L que es igual en compensación a la concentración de iones hidroxilo. Entonces: la Keq = Kd o simplemente K (4).

Reemplazando: $Keq = \dfrac{[1x10^{-7}M]\,[1x10^{-7}M]}{[55,56\,M]}$

Realizando tenemos que: $K = 1,8 \times 10^{-16} \; mol/L$

Como la disociación no afecta significativamente la concentración molecular del agua, por lo que se puede considerar como constante, la que puede incorporarse para la obtención de una nueva constante Kw = producto iónico (4)

Entonces: $Kw = K = \dfrac{[1x10^{-7}M]\,[1x10^{-7}M]}{[55,56\,M]}$

$$Kw = K[55,56\,M] = [1 \times 10^{-7}M][1 \times 10^{-7}M]$$

$Kw = 1 \times 10^{-14}$(mol/L)^2 equivale numéricamente a las concentraciones de H^+ y OH^-

A partir del Producto Iónico Agua es posible establecer la escala de pH rango en el cual sucede la actividad mínima y máxima de los iones de hidrogeno y los iones hidroxilo (4).

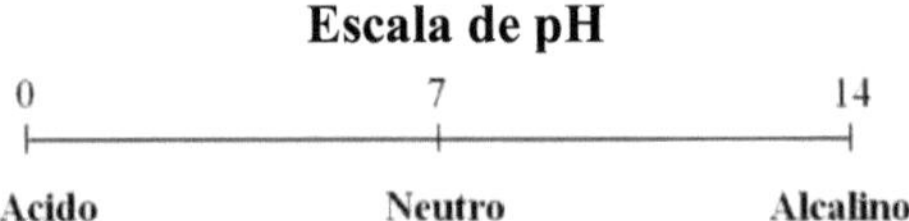

1.8.2. pH

En 1909 Sorhe Sörensen introduce el termino pH y lo define como el logaritmo negativo de las concentraciones de iones de (H^+), es decir pH = - Log [H^+]. Sin embargo, esta expresión no es aplicable a las condiciones reales de pH de los organismos vivos toda vez que estos se desarrollan bajo condiciones físicas y químicas muy variables (Fig. 1.1). Por tal motivo, haciendo uso de la disociación del agua se puede establecer fórmulas que se ajustan con mayor precisión al desenvolvimiento de los organismos vivos (5).

Sustancia/Disolución	pH
Disolución de HCl 1 M	0,0
Jugo gástrico	1,5
Jugo de limón	2,4
Refresco de cola	2,5
Vinagre	2,9
Jugo de naranja o manzana	3,0
Cerveza	4,5
Café	5,0
Té	5,5
Lluvia ácida	< 5,6
Saliva (pacientes con cáncer)	4,5 a 5,7
Orina	5,5-6,5
Leche	6,5
Agua pura	7,0
Saliva humana	6,5 a 7,4
Sangre	7,35 a 7,45
Agua de mar	8,0
Jabón de manos	9,0 a 10,0
Amoníaco	11,5
Hipoclorito de sodio	12,5
Hidróxido sódico	13,5 a 14

Figura 1.1. Valores de pH de muestras diversas

La constante de equilibrio se considera convenientemente como la constante de disociación (Kd) o simplemente (K). Permite la derivación de la ecuación de Henderson – Hasselbalch:

Como:

$$HA \rightleftharpoons H^+ + A^-$$

Entonces:

$$K = \frac{[H^+]\,[A^-]}{[HA]} \quad \rightarrow \quad [HA]K = [H^+]\,[A^-]$$

$$[H^+] = \frac{[HA]K}{[A^-]} \quad \rightarrow \quad Log[H^+] = Log\frac{[HA]K}{[A^-]}$$

$$(-1)Log[H^+] = (-1)Log\frac{[HA]K}{[A^-]} \rightarrow -Log[H^+] = -Log\frac{[HA]K}{[A^-]}$$

$$-Log[H^+] = -LogK - Log\frac{[HA]}{[A^-]}$$

$$a)\ pH = pK - Log\frac{[HA]}{[A^-]} \qquad b)\ pH = pK + Log\frac{[HA]}{[A^-]}$$

El arribo a la Ecuación de Henderson Hasselbalch nos proporciona una fórmula acorde a la naturaleza del funcionamiento de los organismos (5).

1.8.3. El Potenciómetro

El pH de una sustancia líquida se puede determinar mediante el uso de papel indicador de pH, sustancia indicadora y el potenciómetro (Fig. 1.2). Con este equipo se puede medir de manera más exacta el pH porque miden la fuerza electromotriz de una celda formada por un electrodo de referencia, la solución problema y un electrodo de vidrio sensible a hidrogeniones disueltos en la solución (5).

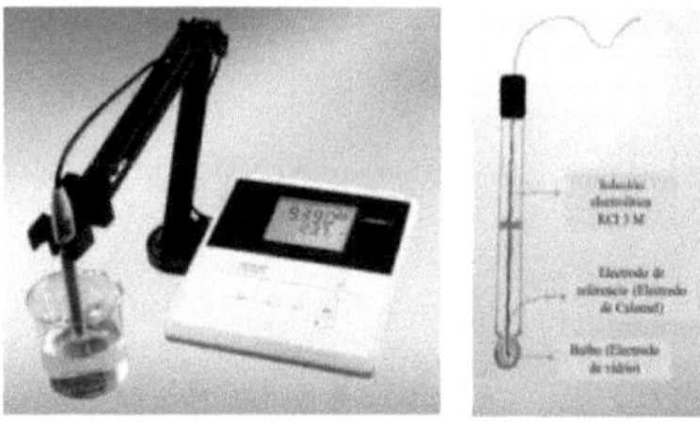

Figura 1.2. Potenciómetro de mesa (izquierda) y su respectivo electrodo (derecha)

1.8.4. Manejo del Potenciómetro

Inicialmente calibrar el potenciómetro utilizando tampones estándares de pH 4,0,, 7,0, y 10,0. El principal componente del potenciómetro es el electrodo, el cual está formado por: un electrodo compuesto el cual consta de dos electrodos, siendo el primero el electrodo de vidrio el cual es permeable a iones hidrogeno, el segundo es el electrodo de referencia también denominado electrodo de Calomel. El electrodo debe permanecer sumergido en un Buffer preferentemente de pH 4,0 ó 7,0. Al momento de la medición del pH de una solución debe enjuagarse meticulosamente con agua destilada y secar con papel absorbente, realizar este procedimiento cada vez que se realice una lectura y al culminar dejar el electrodo en el tampón adecuado.

2.   Materiales

2.1. Materiales de Laboratorio

- Frascos tapa rosca de 100 mL, 250 mL, 500 mL, 1000 mL.
- Matraces de Erlenmeyer de 250 mL, 500 mL, 1000 mL.
- Vasos de precipitado de 50 mL, 100 mL, 250 mL, 1000 mL.
- Pipetas de vidrio de 5 mL y 10 mL.
- Propipetas.

2.2. Instrumentos

- Balanza analítica
- Potenciómetro
- Agitador magnético
- Calculadora

2.3.   Reactivos

- Glucosa
- Hidróxido de sodio
- Tris-HCl
- NaCl
- Ácido clorhídrico
- Etanol de 96°
- Ácido acético
- Acetato de sodio

3. Métodos

3.1. Preparación de soluciones
Preparar 10 mL de las siguientes soluciones:
Sacarosa 0,5 M Glucosa 1%, NaOH 0,1 N
Tris-HCl pH 8,5; 0,05 M; NaCl 0,9%.

Preparar 10 mL de etanol de 70° a partir de etanol de 96°.

Aplicando la Ecuación de Henderson-Hasselbach preparar 20 mL de una solución de 0,02 M de ABS pH 4,5 a partir de soluciones stock de:
A) Ácido acético 0,1 M
B) Acetato de Sodio. 0,05 M.
Luego con el potenciómetro, medir el pH de la solución preparada.

3.2. Determinación de la concentración de soluciones
Determine la molaridad del HCl concentrado teniendo en cuenta que tiene una concentración porcentual de 37%, una densidad de 1,12 g/mL y su PM=36,6 g/mol.

Utilizando la Ecuación de Henderson-Hasselbach, calcule el pH de una mezcla utilizando 5 mL de acetato de sodio 0,1 mol/L y 4 mL de ácido acético 0,1 mol/L, el pK del Ácido acético = 4,76
Calcule el pH de la mezcla si se añade 0,3 mL de HCl 0,1 N
Calcule el pH de la mezcla si se añade 0,5 mL de NaOH 0,01 N

4. Referencias bibliográficas

1. Boyer, R. Modern Experimental Biochemistry. Second Edition. 1991.
2. Champe, P. and Harvey R. Biochemistry. 2nd edition. *Lippincott-Raven Publishers*. 1994. 443 pp.
3. Dawes, EA. Problemas Cuantitativos de Bioquímica. 4° Edición. Edit. Acribia, Zaragoza. España. 1870. pp. 187-198.
4. Murray, R.; Granner, K.; Mayes, P.; Rodwell, V. Bioquímica de Harper. 16ª Ed. Manual Moderno. México, D.F. 2004.
5. Plummer, DT. Introducción a la Bioquímica Práctica. 2° Edición. Edit. *McGraw-Hill, Latinoamericana*, S.A. Bogotá - Colombia. 1981. pp. 94-103.
6. Macarula, Jose M., Goñi, Feliz M. Bioquímica Humana, Curso Básico. Edit. Revererte. España. 1984. Pp. 516.

2

Purificación de ADN genómico de tejidos vegetales y animales

Resumen

La extracción y purificación del material genético (ADN) es una de las primeras etapas críticas que deben ser muy bien desarrolladas, para tener éxito en posteriores análisis, sean estas de procedencia animal, vegetal o microbiana. Entendiéndose que existen muchos protocolos de extracción propuestos, debe emplearse el más apropiado considerando algunas modificaciones dependiendo del tipo de material biológico a emplear. En el presente capítulo se aplican protocolos para la purificación de ADN vegetal y animal. Asimismo, se debe tener en cuenta que existen protocolos cortos y protocolos extensos y el uso de uno de ellos depende del tipo de material biológico empleado, es decir dependiendo del material biológico de partida el investigador deberá elegir el protocolo más apropiado.

Palabras clave: extracción de ADN, purificación, protocolos.

1.   Introducción

1.1. Generalidades

La extracción y purificación de ácidos nucleicos constituye la primera etapa de la mayoría de los estudios de biología molecular y de todas las técnicas de recombinación de ADN (1), una de las moléculas más estudiadas desde que fuera aislado por primera vez por Friedrich Miescher en 1869 (2). En general, los métodos de extracción permiten obtener ácidos nucleicos purificados a partir de diversas fuentes para después realizar análisis específicos como la reacción en cadena de la polimerasa (PCR). La calidad y la pureza de los ácidos nucleicos son dos de los elementos más importantes en ese tipo de análisis. Si se desea obtener ácidos nucleicos muy purificados, exentos de contaminantes e inhibidores, es preciso emplear métodos de extracción adecuados (1). La aplicación de las diferentes técnicas empleadas en biología molecular para el análisis del genoma, depende en gran medida de la habilidad para extraer el ADN. Para lo cual se utilizan diversos métodos de extracción, dependiendo del tipo de tejido a emplear (3).

1.2. Ácidos nucléicos

Son macromoléculas y biopolímeros formados por nucleótidos unidos por enlaces fosfodiéster (unión entre el carbono 3' de una pentosa y el carbono 5' de la siguiente). Estas macromoléculas están formadas por C, H, O, N y P y tienen elevado peso molecular. Están constituidos por una pentosa que puede ser una ribosa o desoxirribosa, una base nitrogenada pudiendo ser púricas (adenina y guanina) o pirimidínicas (timina, citosina y uracilo) y una molécula de ácido ortofosfórico. La unión de una pentosa y una base nitrogenada da un nucleósido. La unión de un nucleósido con ácido ortofosfórico da un nucleótido y la unión de varios nucleótidos dan lugar a los ácidos nucleicos (4).

1.3. Nucleótidos

Los nucleótidos son moléculas heterocíclicas. Los compuestos originarios de las dos clases de bases nitrogenadas (Fig. 2.1, 2.2 y 2.3) presentes en los nucleótidos son las pirimidinas y las purinas. Estos son componentes   esenciales de los ácidos nucleicos (4).

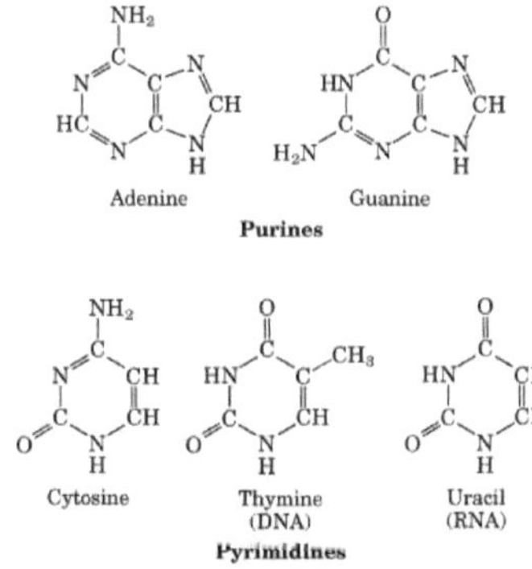

Figura 2.1. Estructura química de las bases nitrogenadas. Fuente (4)

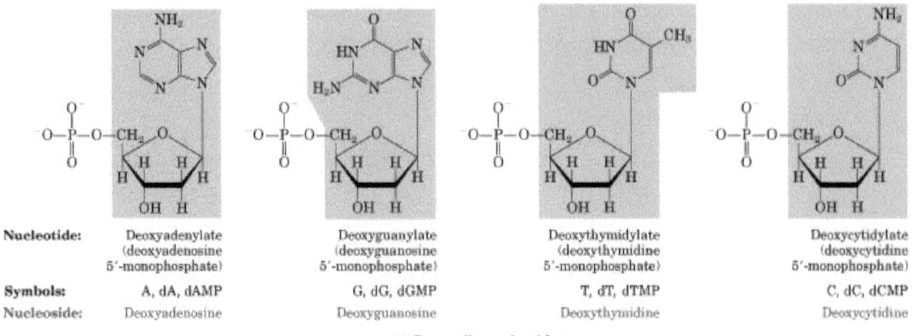

Figura 2.2. Estructura química de los nucleótidos del ADN. Fuente (4)

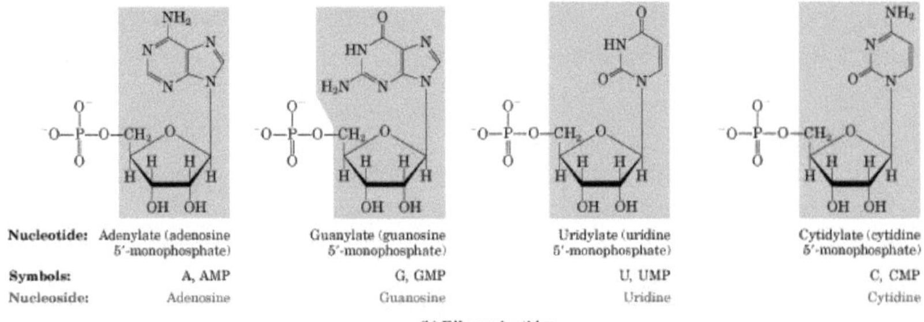

Figura 2.3. Estructura química de los nucleótidos del ARN. Fuente (4)

1.4. Estructura del ADN

Las molécula de ADN alcanza grandes longitudes en el núcleo celular, por hidrolisis dan nucleótidos compuestos por bases púricas como Adenina y Guanina, y bases pirimidínicas como Timina y Citosina. En el ADN existe una relación 1/1 con respecto a las bases púricas y pirimidínicas. La Adenina se une a la Timina por 2 puentes de H, y la Citosina se une a la Guanina por 3 puentes de H. La molécula está formada por una doble hélice, por 2 cadenas polinucleotídicas enrolladas sobre el mismo eje (Fig. 2.4, 2.5 y 2.6). La sucesión de desoxirribosa y de fosfatos tendidos entre C5 y C3 de las pentosas forman la hebra continua de cada una de las cadenas. Las bases púricas y pirimidínicas se proyectan hacia el interior de la molécula perpendicularmente al eje de la doble hélice. El primer nucleótido de cada una de las cadenas tiene libre el fosfato unido al C5 denominado extremo 5'; el ultimo nucleótido tiene el C3 de su desoxirribosa no esterificado considerándose a este el fin de la cadena o extremo 3' (4).

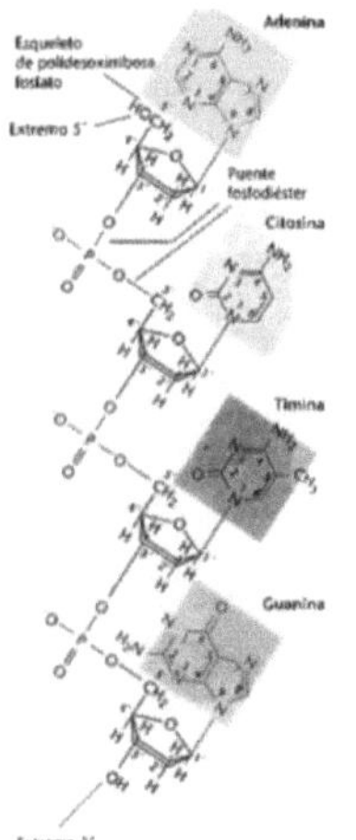

Figura 2.4. Secuencia de nucleótidos una hebra de ADN. Fuente: (4)

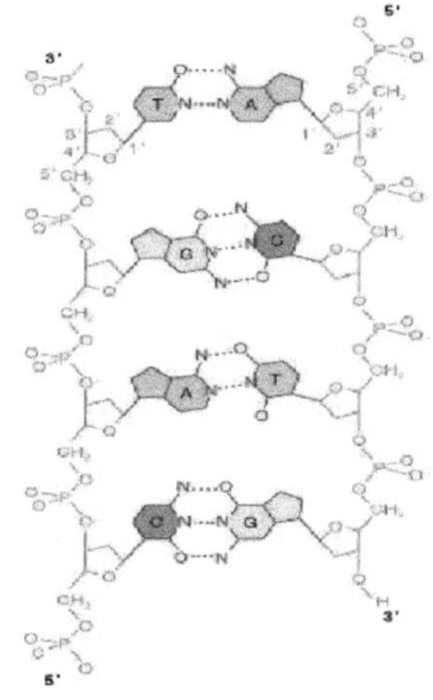

Figura 2.5. Apareamiento de bases de mostrando las dos hebras antiparalelas

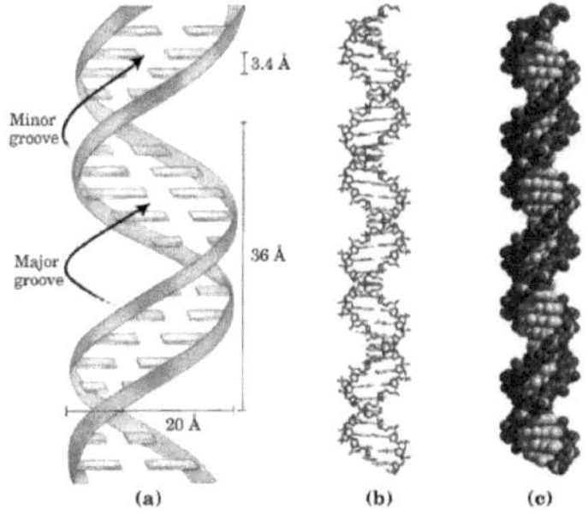

Figura 2.6. Modelos de la estructura del ADN
a) cinta b) planar c) esferas. Fuente (4)

1.5. ADN en otros organismos

En Procariotas (así como en las mitocondrias y cloroplastos eucariotas) el ADN se presenta como una doble cadena (de cerca de 1 mm de longitud), circular y cerrada, que toma el nombre de cromosoma bacteriano. Esta "gigantesca" molécula circular tiene un peso de $3x10^9$ daltons. No posee las histonas del cromosoma eucariota, pero se ha comprobado la existencia de proteínas y poliaminas de bajo peso molecular y de iones magnesio que cumplirían su función. El cromosoma bacteriano se encuentra altamente condensado y ordenado (Fig. 2.7). En virus, el ADN puede presentarse como una doble hélice cerrada, como una doble hélice abierta o simplemente como una única hebra lineal (4).

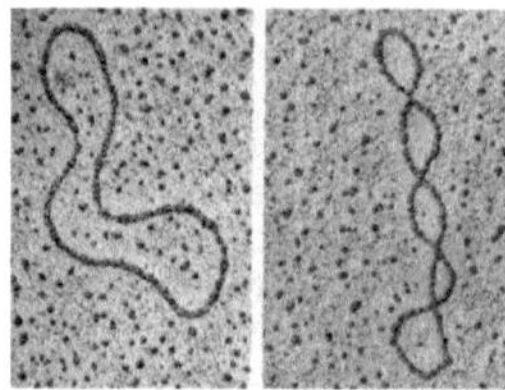

Figura 2.7. Difentes grados de superenrrollamiento del ADN circular. Fuente (4)

Modelo A: Se presenta únicamente cuando no hay agua. Los planos de las bases son ligeramente oblicuos al eje longitudinal. La hélice es dextrógira y hay un giro completo cada 2, 8 nm, en cada vuelta podemos encontrar 11nucleotidos. Se forma por deshidratación dc la estructura tipo B y se cree que es la estructura que presenta los ARN de doble cadena, los híbridos de ADN y ARN y las zonas con doble hélice de los ARNt y ARNr.

Modelo B: Descubierta por Watson y Crick es la que está presente en condiciones biológicas, es decir, cuando en el medio celular hay agua. Los planos de las bases nitrogenadas son perpendiculares al eje, además las hélices se enrollan según las agujas del reloj, dextrógira. Watson y Crick constituyeron un modelo de este tipo ya que conocían los tamaños atómicos de los distintos componentes del ADN, comprobando que cada 0,34 nm se encontraban un par de bases y que la doble hélice daba un giro completo cada 3,4 nm siendo el diámetro de 2 nm. Existen así 10 pares de bases por cada vuelta de hélice.

Modelo Z: Aparece cuando el ADN ya se ha expresado o que no se va a expresar nunca porque no tiene información. Presenta una doble – hélice levógira, el giro completo se produce cada 4,5 nm y contiene unos 12 residuos por vuelta. Por tanto, esta estructura es más alargada y delgada que las anteriores. El esqueleto de la hélice tiene un aspecto de zigzag, de ahí su nombre. Es común encontrar esta estructura donde sus bases están metiladas, genes ya expresados o genes que no van a expresarse, por eso se asocia a la ausencia de actividad del ADN.

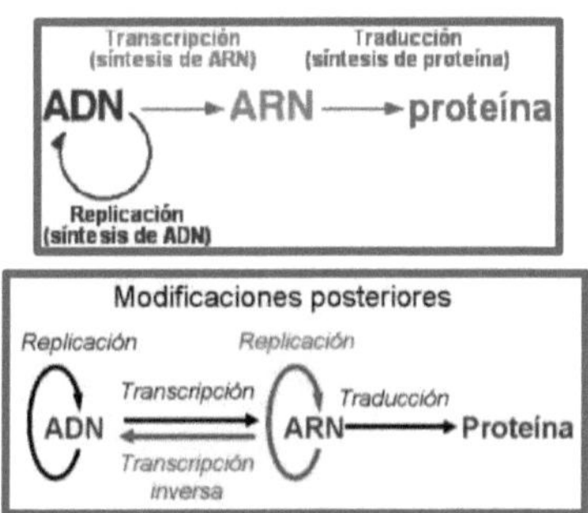

Figura 2.8. Representacion del flujo de la información genética mostrando planteamiento inicial y planteamiento actual

1.6. Funciones del ADN
- Una de las funciones del ADN de los cromosomas es servir de molde para su propia duplicación en la fase S del ciclo celular.
- Otra función del ADN es la de transportar información contenida en él hacia moléculas de ARN: ARNt, ARNm, ARNr, ARNhn, ARNnp, que migran al citoplasma, donde dirigirán las síntesis de las moléculas proteicas, a través de las cuales los genes van a expresarse en el fenotipo.
- Almacenar y transmitir información genética y desempeñar funciones estructurales o catalíticas.
- Dirigir la síntesis de proteínas específicas.
- Trascripción del ADN para formar ARNm y otros.
- Traducción, en los ribosomas, del mensaje contenido en el ARNm a proteínas.

1.7. Tipo de muestra
1.2.1 Muestra de origen vegetal (3)
Es posible la utilización de alguna parte del vegetal de acuerdo con el tipo de trabajo que se pretende realizar, estas partes pueden ser frescas que es la manera más apropiada de emplear una muestra o conservada en refrigeración o bajo congelación, nitrógeno líquido o mantenida en alcohol al 70% o en caso de aplicación forense de muestras secas empleando kits apropiados.

1.2.2. Muestra de origen animal (1)

Normalmente las muestras son fluidas y requieren un tratamiento particular. En caso de sangre es necesario separar y eliminar glóbulos rojos de los glóbulos blancos, entendiéndose que son los glóbulos blancos los portadores del material genético, otros tejidos pueden ser conservados bajo las mismas condiciones que se mencionan en los tejidos de origen vegetal y mantenidos así hasta el momento de su utilización.

1.8. Buffers de extracción

El proceso de extracción de ADN de diversas muestras se ha simplificado cada día con la fabricación comercial de reactivos listos para su uso (kits). Estos denominados kits comerciales ahorran tiempo y preparación de buffers, principalmente por la restricción de contacto a sustancias orgánicas dañinas a la salud. Una característica adicional de estos kits es que permite reducir considerablemente el uso de reactivos y el tamaño de la muestra. La solución permite una precipitación selectiva de ADN de la muestra. El procedimiento puede ser terminado en 20-40 min obteniéndose una recuperación de ADN de 70-100%. El ADN aislado puede ser utilizado en Southern análisis, dot-blot hibridización, clonación molecular y Reacción en cadena de la polimerasa (PCR). (5)

1.9. Formulación de buffers

Existen muchas formulaciones y protocolos dentro de los cuales podemos mencionar alguno de ellos:

Protocolo de Guanidina Tiocianato de Chomczynski And Sacchi 1986, cuya formulación es (Solucion Denaturante 4 M guanidina tiocianato, 25 mM citrato de sodio, pH 7,0; 0.5% sarcosyl, 0,1 M 2-mercaptoetanol; Acetato de sodio 2 M pH 4,0; Fenol saturado) (6).

Protocolo básico de doyle y Doyle (1987). Buffer de Extracción o Aislamiento pH 8,2 (Trizma base 200 mM, NaCl 1,4 M, EDTA 25 mM, SDS 0,5%) (5).

Protocolo básico de doyle y Doyle (1987) Buffer de Extracción pH 8,2 (Trizma base 200mM, NaCl 1,4 M, EDTA 25 mM, SDS 0,5%, PVP 2,0%, BSA 0,1%, Glucosa 0,3%) (5).

2. Materiales

2.1. Material biológico

- Hojas
- Frutos (semilla, cáscara y pulpa)
- Raíz
- Plúmula
- Tallo
- Sangre u otro tejido animal

2.2. Materiales de laboratorio

- Mortero y pilón
- Microtubos de 2 mL, 1.5 mL
- Tips de 1000μL, 200 μL, 10 μL
- Racks para microtubos
- Papel toalla
- Jeringas descartables de 10cc
- Parafilm

2.3. Instrumento

- Micropipetas graduables
- Baño maría
- Hotplay
- Autoclave
- Estufa
- Centrifuga refrigerada
- Vórtex
- Potenciómetro
- Destilador
- Purificador

2.4. Reactivos y soluciones

- Buffer de extracción
- Carbón activado
- 2-mercaptoetanol
- Cloroformo:Alcohol Isoamílico 24:1
- Acetato de sodio 3M pH 5,2
- Isopropanol
- Agua ultrapura autoclavada libre de RNAsa
- Buffer 1
- Buffer 2

- Buffer AE (TE)
- RNAsa (Ribonucleasa)
- Proteinasa K
- Etanol Absoluto
- Etanol de 75%
- Tris-HCl
- EDTA
- NaCl
- CTAB
- PVP
- Ac. Acético glacial
- HCl
- NaOH
- $CaCl_2$
- Tween 20
- Tritón X-100
- SDS
- PVPP

3. Métodos

3.1. *Purificación de ADN genómico de tejido vegetal*

Protocolo de Extracción de ADN en Plantas, Método de Doyle y Doyle, modificado por Castro *et al.* (7) (Fig. 2.1.)

1. Triturar 200 mg de muestra con 2,5 mL del buffer de extracción (precalentado a 70°C), 0,25 g de arena/carbón activado y 10 µL de 2-mercaptoethanol.
2. Tranferir la solución a microtubos de 2 mL, agitar con vórtex, incubar en baño maría a 70°C por 10' y agitar cada 5'.
3. Centrifugar a 5000 rpm por 5''. Agregar 250 µL de Cloroformo:Alcohol Isoamílico. Agitar con vórtex y centrifugar a 15 000 rpm por 10'.
4. Retirar 900 µL del sobrenadante en microtubos de 2 mL y agregar 100 µL de Acetato de Sodio 3 M. Agregar 1 mL de Isopropanol. Agitar con vórtex y centrifugar a 15 000 rpm por 5'.
5. Eliminar el sobrenadante, agregar 750 µL de etanol 75%, transferir a microtubos de 1,5 mL y centrifugar a 15 000 rpm por 5'.
6. Eliminar el sobrenadante evitando perder el "pellet". Secar el microtubo a 40°C por 5'. Agregar 80 µL de agua libre de RNAsa, 20 µL de Proteinasa K y centrifugar a 5 000 rpm por 5''.

7. Colocar en baño maría a 60° C por 2'. Agregar 300 µL de Buffer (1) (precalentado a 60°C), homogenizar con vórtex y centrifugar a 5000 rpm por 5''. Colocar en baño maría a 60° C por 18', agregar 200 µL de Buffer (2) (precalentado a 60°C) y 250 µL de Cloroforo:Alcohol-Isoamílico. Agitar con vórtex y centrifugar a 15 000 rpm por 5'.

8. Retirar 500 µL del sobrenadante, añadir 50 µL de Acetato de Sodio 3M y agregar 550 µL de Isopropanol. Agitar con vórtex y centrifugar a 15 000 rpm por 5'.

9. Eliminar el sobrenadante. Agregar 600 µL Etanol 75%. Centrifugar a 15 000 rpm por 1'.

10. Eliminar el sobrenadante. Secar el microtubo a un baño seco a 40°C por 2'. Agregar 150 µL de Buffer AE (TE) y esperar por 2'.

11. Agregar 1 µL de RNAsa y dejar en baño seco a 40° C por 30'. Agregar 200 µL de Cloroformo:Alcohol-Isoamílico y centrifugar a 15 000 rpm por 5'. Transferir el sobrenadante a un microtubo de 1,5 mL y guardar a -20°C.

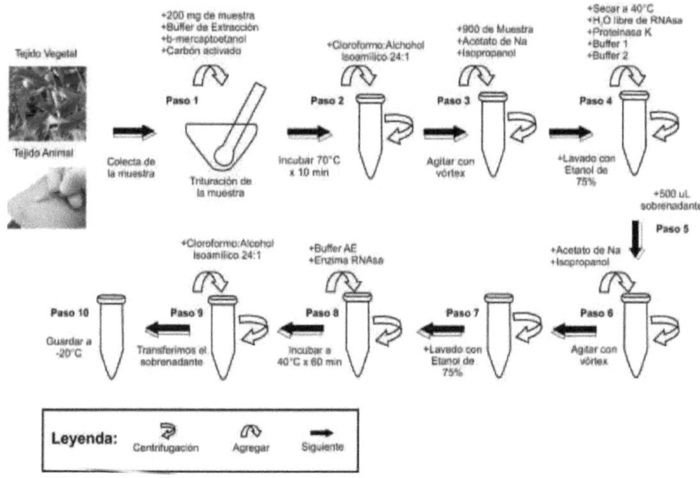

Figura 2.9. Flujograma metodológico del proceso de extracción de ADN genómico de tejidos vegetales.

3.2. Purificación de ADN animal

Usar el método de Chomczynski y Sacchi (6) modificado. Se considera la mayoría de los pasos de extracción de ADN en plantas con algunas modificaciones y consideraciones necesarias. Para 100 µL de sangre añadir

1 mL de DNAzol previa lisis celular con cloruro de sodio 0,9%, inactivar las nucleasas celulares y separar los ácidos nucleicos de los restos de células. El procedimiento de lisis idóneo suele consistir en un equilibrio de técnicas y ha de ser suficientemente fuerte para romper el material inicial complejo (un tejido, por ejemplo), pero suficientemente suave para preservar el ácido nucleico diana. Entre los procedimientos usuales de lisis figuran los siguientes:

- Rotura mecánica (trituración, lisis hipotónica, etc.).
- Tratamiento químico (detergentes, agentes caotrópicos, reducción con tioles, etc.).
- Digestión enzimática (Proteinasa K, etc.), que rompe la membrana celular e inactiva las nucleasas intracelulares.
-

4. Notas complemetarias
4.1. *Función de algunos componentes de los Buffer de extracción de ADN* (8)

- Trisma Base (Tris Hidroximetil amino metano), como tampón, cuya función es mantener el pH de la solución constante se ha empleado a (pH 8,0).
- Ácido Etileno Diamino Tetra Acético (EDTA), como agente quelante de iones metálicos como Ca++ y Mg++. Que Inhibe la acción de las nucleasas al no haber cofactores libres para su actividad y así protege al ADN. Se prepara a pH 8,0.
- Cloruro de Sodio (NaCl), esta sal aumenta el poder iónico de la solución y ocasionan la solubilidad y precipitación del ADN.
- Dodecil Sulfato de Sodio (SDS), es un detergente aniónico que actúa como agente solubilizante de proteínas y de componentes de tejidos y membranas para su eliminación el momento de extracción.
- Isopropanol, se utiliza para precipitar el ADN después de su extracción de la muestra utilizada.
- Polivinilpirrolidona (PVP), utilizado como antioxidante en la captura de polifenoles para evitar el proceso oxidativo del ADN.
- Albúmina Sérica Bobina (BSA), también utilizada como antioxidante en el proceso de extracción.

4.2. *Precauciones*
El trabajo de biología molecular requiere de una serie de precauciones para no contaminar las muestras con ácidos nucleicos extraños. Es necesario

limpiar las áreas de trabajo con solventes como el ácido clorhídrico (10%), sosa (NaOH 0,5 N) y/o etanol (70%). También hay que utilizar guantes para protección personal y para evitar contaminar las muestras, así como trabajar con materiales y soluciones estériles. Se recomienda trabajar en una campana de flujo laminar y si es posible, someter el material a radiación ultravioleta de 5 a 10 minutos para degradar cualquier ácido nucleico presente (1).

5. Referencias bibliográficas

1. M. Somma. OMS Oficina Regional Para Europa. Extracción y Purificación de ADN. Análisis de la Presencia de Organismos Genéticamente Modificados en Muestras de Alimentos Sesión nº 4

2. Watson, J.D. Biología Molecular del Gen. 3º Edicion. Editorial Fondo Educativo Internacional S.A. Bogota. 1983. pp 739.

3. Velasco Mosquera R. Marcadores Moleculares y la Extracción De ADN. Facultad de Ciencias Agropecuarias. 2005. Vol 3 No.1

4. Lehninger, AL.; Nelson, DL.; Cox, MM. Principles of Biochemistry. 2º Edición. Edit. Worth Publishens. New York. 1993. pp. 1-1.013.

5. Doyle, J. and Doyle, J. A rapid DNA isolation procedure for small quantities of fresh leaf tissue. Phytochem. Bull. 1987.19:11-15.

6. Chomczynski & N. Sacchi. Analytical Biochemistry 162, 156-159. (1987).

7. Castro, JC. *et al*. Clonación y Filogenia Molecular de un segmento del gen codante de la actina de *Myrciaria dubia* "camu-camu": un candidato para gen de referencia. Ciencia Amazónica, 2012, Vol. 2, No. 2, 76-85.P.

8. Maniatis, T. Molecular Cloning, a laboratory manual. 2ª ed. Cold Spring Harbor Laboratory Press. USA. 1989. 848pp.

3

Purificación de ARN total

Resumen

En los estudios de biología molecular, genética y biotecnología la extracción de ARN es uno de los pasos más importantes. Para extraer el ARN de una célula es necesario romper la pared celular para muestras vegetales o degradar la membrana citoplasmática en caso de muestras de células animales, para así dejar libres los organelos que contiene al ARN, esto se logra mediante un buffer de extracción que también va a permitir inactivar a ciertas enzimas que degradan el ARN y evitar que otras moléculas como proteínas, polisacáridos y polifenoles se unan al ARN y contaminen nuestra muestra. El operador también es una fuente importante de contaminación, para ello es necesario usar materiales de protección como guantes, gorros, gafas y mandil ya que las ribonuclesas (enzimas que degradan el ARN) están presenten en todos los fluidos corporales; además que los compuestos químicos que se usan cómo el β-mercaptoetanol, cloroformo, entre otros son tóxicos.

Palabras clave: dogma central, expresión genética, transcripción, ARNr

1. Introducción

1.1. Biogénesis de los ARN en las células

La base hereditaria de cada organismo vivo es su genoma, una larga secuencia de ADN que proporciona, junto al ARN, información que puede ser transmitida de una generación a la siguiente (1). Pero la formación del ARN se da a apartir de un molde de ADN que separa sus dos hebras gracias a una enzima llamada ARN polimerasa (2) en donde los nucleótidos ATP, GTP, CTP y UTP son usados como precursores (3), dando inicio a la transcipción (Fig. 3.1). Los nucleótidos se van uniendo para formar la nueva ebra de ARN que contendrá la información de un gen, pero la ARN polimerasa debe de seleccionar que genes deben expresarse a lo largo de la vida de la celula, además de regular el inicio y fin de la transcripción. La selección está determinada por condiciones presentes dentro y fuera de la célula; y la regulación está dada por regiones de control dentro del ADN llamados promotores, estos son secuencias de ADN no transcitas que señalan el comienzo de la sintesis de ARN (4), también está la región de *señal de terminación* donde la molécula de ARN polimerasa se separa del molde de ADN y del ARN transcrito.

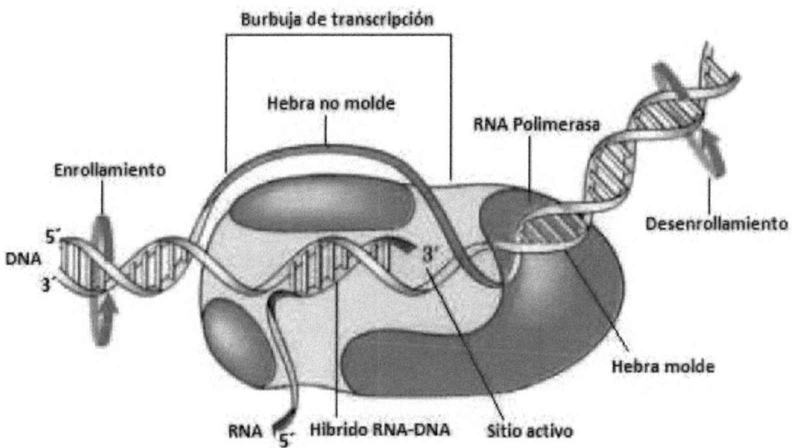

Figura 3.1. Sintesis de ARN a partir del molde de ADN. Fuente: (5)

1.2. Composición, estructura y función del ARN

El ARN es una polímero lineal largo, llamado ácido nucleico y formado por un gran número de nucleótidos unidos (Fig. 3.2); esta compuesto por un grupo fosfato, una base y una ribosa que es una azucar pentosa (6). Estos compenentes dan al ARN cualidades que lo subdividen en 3 tipos (7):

- **ARNm (ARN mensajero),** que lleva la información genética en forma de nucleótidos al lugar de sintesis.
- **ARNr (ARN ribosomal),** que se encuentra en el ribosoma y es donde se lleva a cabo la sintesis de proteínas.
- **ARNt (ARN de transferencia),** que transporta los aminoácidos al lugar de recococimiento y de síntesis en el ribosoma.

Además extisten ARN que son reguladores de la expresión génica como ARNsi, ARNi, ARNmi. Esta variedad de ARN y las diferenes funciones que cumplen en la célula son de gran interes para los estudios en Biología Molecular, Biotecnología y Genética. Para estos estudios basados en técnicas mocelulares se debe disponer de protocolos rápidos, simples, económicos, reproducibles y de alto rendimiento para la extracción de ARN de alta calidad (8,9).

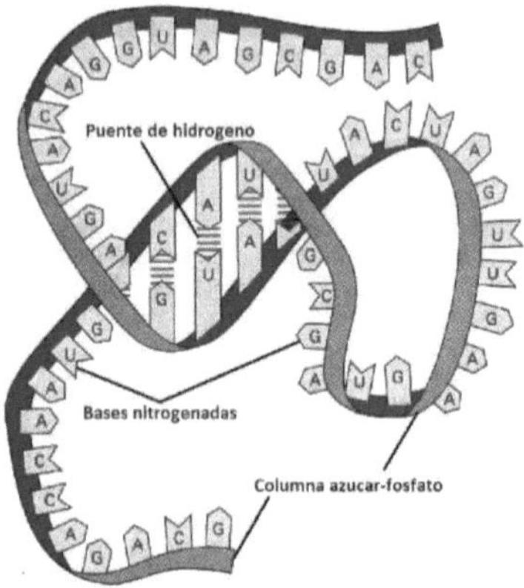

Figura 3.2. Estructura del ARN. Fuente: (10)

1.3. Métodos para purificar ARN

Existen diversos protocolos para purifiar ARN, pero su aplicacón resulta dificil debido a la suceptibilidad de las moléculas de ARN a la degradación enzimática por las ribonuclesas (11), por ello los protoclos pueden sufrir modificaciones de aucerdo a cada muestra, pero en general las etapas son las mismas. El procedimiento más importante es degradar la membrana plasmática para el caso de células animales y la pared celular para el caso de células vegetales, con ello dejamos libre los organelos como las mitocrondrías, el núcleo, etc., que contienen ARN. La membrana plasmática de las células animales es facilmente degradada por algún detergente como el bromuro hexadeciltrimetilamonio; por otro lado, la gruesa pared de las células vegetales hace que sea necesario emplear nitrógeno líquido y/o una trituración manual con la ayuda de un mortero y un pilón para lisar la célula (Fig. 3.3).

Al quedar la célula disprovista de su membrana o pared celular, quedan libres no solo el ARN si no también polisacáridos, proteinas, polifenoles, además de otros metabolitos secundarios presenten en las plantas. Para impedir que estos componentes contaminen la muestra se usa un *buffer de extración* que contiene difentes componenes los cuales impediran que las moléculas contaminantes se unan al ARN. Los componentes del *buffer de extración* estan disponibles en diferentes artículos científicos, en donde detallan sus concentraciones, proporciones y otros aspectos. Tambíen existen en el mercado kit´s de extración que ya vienen con un protocolo de trabajo establecido y que se tiene que seguir con rigurosidad para que funcionen; y aunque en su mayoría son efectivos, el costo de estos productos es elevados además de poder procesar solo una cantidad limitada de muestras.

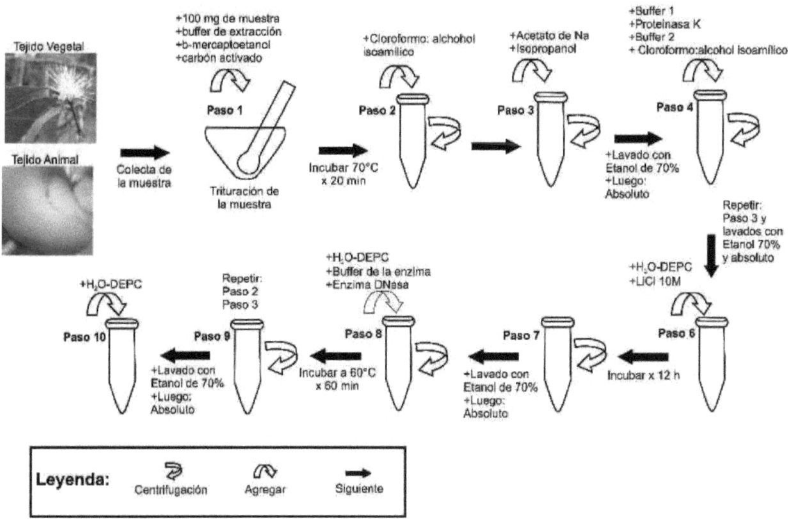

Figura 3.3. Flujograma resumido de la extración de ARN

Otro aspecto importante dentro del proceso de purificación de acidos nucleicos es la centrifugación, que se basa en el comportaminto de las párticulas ante un campo cetrífugo aplicado (12). Estas condiciones causan sedimientación de partículas, orgánulos celulares, o una variedad de macromoléculas a una velocidad que depende de sus masas, tamaños y densidades (13), además de estar condicionada por la fuerza centrípeta y centrífuga que genera el rotor, produciendo una sedimentación inclinada que es proporcional al la distancia del eje o axis del rotor.

1.4. Rol de los coponenetes químicos

También se agrega gradualmente el tampón de extracción, que contiene compuestos químicos como el TRIS, que actúa como tampón para estabilizar el pH de la solución (14), cetil-trimetil-amonio-bromuro (CTAB) que es un agente tensioactivo ampliamente utilizado en el aislamiento de ARN porque desactiva la actividad de las ribonuclesas (11) y destruyen las membranas nucleares (plasmática, nuclear y de organelos membranosos citoplasmáticos); ácido etilendiaminotetraacético (EDTA) que es un quelante que atrapa iones metálicos como el magnesio y manganeso, impidiendo así la interación con otras moléculas (15), lo que reduce aún más la integridad de la pared celular (16) y además deja desprovisto de sus cofactores a las ARNasas evitando la degradación del ARN por estas enzimas. Además contiene cloruro de sodio (NaCl) que en altas concentraciones elimina las proteinas (17) y polivinilpirrolidona (PVP) que remueve los polifenoles, los cuales al oxidarse se unen covalentemente con los ácidos nucleidos durante la extración, disminuyendo la calidad de la muestra (18). Junto al buffer de extración y al momento de la trituración del tejido, se agregá β-mercatoetanol, el cual ayuda a remover al igual que el PVP, los polifenoles. Exiten otros compuestos químicos que se agregan durante la extranción como el cloroformo:alcohol isoamílico, un solvene orgánico que elimina las proteinas (19). Tambien se usa etanol 100%, etanol 70% (20) y cloruro de litio para la precipitación de los ácidos nucleicos. Además podemos usar desoxiribonucleasas, que son enzimas que degradan el ADN, teniendo así ARN puro.

2. Materiales y Métodos
2.1. Material biológico

Muestra de tejido animal: Se pueden usar cualquier tejido fresco o que aya estado congelado a -20 °C o de preferencia a -80 °C. Si usamos sangre no es necesario triturar ningun tejido porque las células estan libres, podemos usar cabello, un segmento de piel, etc., para estos últimos casos sería necesario triturar la muestra.

Muestra de tejido vegetal: Para la mayoría de trabajos se usa tejido fresco, si el material es transportado se lo coloca en hielo o en el mejor de los casos con nitrógeno líquido. Las muestras más usadas son las hojas, pero muchos estudios de expresión génica requieren usar las raices, frutos, flores, etc., para cada uno de estos tejidos un mismo protocolo tendría que sufrir alguna modificaciones.

2.2. Materiales de laboratodio

Microtubos, pipetas, morteros y pilones, botellas de vidrio, matraces, probetas, vasos de precipitado, papel secante, lejía.

2.3. Instrumentos y Equipos

Centrífuga refrigerada, baño maría, baño maría seco, vortex, refigeradora 4°C y -20°C, miropipetas.

2.4. Reactivos y Soluciones

Buffer de Extracción, β-mercaptoetanol, Carbón activado, Acetato de Sodio (3 M), Cloruro de Litio (10 M), Isopropanol, H_2O, ultra pura autoclavada, Dietil policarbonato, Buffer 1, Buffer 2, Proteinasa K,Cloroformo:alcohol isoamílico (24:1), Buffer de TURBO DNasa, Enzima TURBO DNasa.

3. Métodos

3.1. Procedimientos para purificar el ARN

12. Pesar 100 mg de la muestra en un mortero, agregar 1 mL del buffer de extracción (precalentado a 70°C) y 10 µL de β-mercaptoethanol. Agregar 100 µL de carbón activado. Triturar enérgicamente todo con ayuda de un pilón hasta formar una solución homogénea.

13. Tranferir la solución a los microtubos de 2 mL, agitar con vórtex y colocar en baño maría a 70°C por 20 min, agitando cada 5 minutos.

14. Dejar enfriar la muestra a temperatura ambiente por 2 minutos, centrifugar a 15000 rpm por 5 min a 4°C.

15. Agregar 500 µL de Cloroformo:alcohol-isoamílico (24:1), homogenizar la solución y centrifugar a 15000 rpm por 10 min a 4°C. Repetir este paso 2 veces.

16. Medir el volumen del sobrenadante y agregar acetato de sodio 3 M de acuerdo a la siguiente fórmula:

$$\text{Vol. de Acetato de Sodio} = \frac{(Vol.\,sobrenadante)(0.3)}{2.7}$$

17. Agregar el mismo volumen de Isopropanol (esto es el volumen del sobrenadante + el volumen de Acetato de Sodio). Agitar con vórtex. Luego colocar la muestra en un tubo de 1,5 mL y centrifugar a 15 000 x g por 15 min a 4°C, esto se hará en el mismo tubo hasta colectar toda la muestra.

18. Luego de descartar el sobrenadante, agregar 500 µL de etanol 70% y centrifugar a 15 000 rpm por 5 min a 4°C, descartar nuevamente el sobrenadante y luego agregar 200 µL de etanol absoluto y centrifugar a 10 000 rpm por 5 min a 4°C. Descartar el sobrenadante cuidadosamente evitando perder el "pellet".

19. Secar el microtubo en un baño maría seco a 50°C por 5 min. Una vez seco, resuspender el pellet con 50 µL de H_2O-DPC dejar diluir el pellet por unos 10 minutos, luego agregar 50 µL del Buffer 1 (pre calentado a 60°C), 5 µL de Proteinasa K y homogenizar la muestra. Ahora incubar a 60°C por 10 minutos. Luego agregar 100 µL del Buffer 2 (pre calentado a 60°C) y homogenizar por vortex.

20. Ahora agregamos 400 µL de Cloroformo:alcohol-isoamílico (24:1), homogenizar por vortex y centrifugar a 15 000 rpm por 10 min a 4°C, medir el volumen del sobrenadante y agregar acetato de sodio 3 M de acuerdo a la siguiente fórmula:

$$\text{Vol. de Acetato de Sodio} = \frac{(Vol.\,sobrenadante)(0.3)}{2.7}$$

21. Agregar el mismo volumen de Isopropanol a temperatura ambiente (esto es el volumen del sobrenadante + el volumen de Acetato de Sodio). Agitar con vórtex y centrifugar a 15 000 rpm por 15 min a 4°C.

22. Eliminar el sobrenadante evitando perder el pellet, agregar 400 μL de etanol 70% y centrifugar a 10 000 rpm por 5 min a 4°C. Descartar el sobrenadante.

23. Agregar 200 μL de etanol absoluto y centrifugar a 10 000 rpm por 5 min a 4°C. Descartar el sobrenadante cuidadosamente evitando perder el "pellet".

24. Resuspender con 175 μL de H_2O-DEPC y 75 μL de LiCl 10 M. Homogenizar por inversión y vortex 3 veces e incubar a 4°C por 12 horas aproximadamente.

25. Luego centrifugar a 15000 rpm por 30 min a 4°C, descartar el sobrenadante. Lavar el pellet con 400 μL de etanol 70%, centrifugar 10 000 rpm por 5 min a 4°C, descartar el sobrenadante.

26. Agregar 200 μL de etanol absoluto, centrifugar a 10000 rpm por 5 min a 4°C, descartar el sobrenadante y colocar el microtubo en el baño maría seco.

27. Agregar 115 μL de H_2O DEPC y esperamos 10 minutos hasta que se disuelva todo el "pellet", separamos 25 μL de la solución en un microtubo de 200 μL para pruebas de calidad y cuantificación. Guardamos a -20°C para su posterior uso.

28. **Tratamiento con DNase:** Agregar a la muestra 10 μL del buffer 10 x TURBO DNase y 1 μL de TURBO DNase, homogenizar suavemente e incubar a 40°C por 60 minutos.

29. Añadir 230 μL de agua DEPC. Agregar 200 μL Cloroformo:alcohol-isoamílico (24:1), agitar con vórtex y centrifugar a 15 000 rpm por 10 minutos a 4°C.

30. Medir el volumen del sobrenadante y agregar acetato de sodio 3 M de acuerdo a la siguiente fórmula:

$$\text{Vol. de Acetato de Sodio} = \frac{(Vol.\,sobrenadante)(0.3)}{2.7}$$

31. Agregar el mismo volumen de Isopropanol a temperatura ambiente (esto es el volumen del sobrenadante + el volumen de Acetato de Sodio). Agitar con vórtex y centrifugar a 15 000 rpm por 10 minutos a 4°C.

32. Eliminar el sobrenadante evitando perder el pellet, agregar 400 μL de etanol 70% y centrifugar a 15 000 rpm por 5 minutos a 4°C. Descartar el sobrenadante.

33. Agregar 200 μL de etanol absoluto y centrifugar a 10 000 rpm por 5 minutos a 4°C. Descartar el sobrenadante cuidadosamente evitando perder el "pellet".

34. Secar el microtubo a un baño seco a 40°C por 5 minutos, agregamos 75 μL de H_2O DEPC y homogenizar, separamos 25 μL de la solución en un microtubo de 200 μL para pruebas de calidad y cuantificación. Guardamos a -20°C para su posterior uso.

4. Notas

4.1. *Algunas consideraciones para trabajar con ARN*

- Todos los materiales de plástico y vidrio serán tratados con DEPC antes de su uso.

- Los buffer deben ser preparados con H_2O-DEPC.

- Los morteros y pilones de porcelana serán lavados, luego tratados con lejía por 20 minutos, enjuagados 3 veces con H_2O ultrapura autoclavada y por último puestos a la estufa a 180 °C por 4 horas.

- El ambiente donde se trabaja debe limpiarse 24 horas antes de empezar el trabajo, de preferencia con lejía.

5. Referencias bibliográficas

1. Krebs J, Goldstein E, Kilpatrick S. Lewin's Genes X. 10th ed. Unite States of America: Jones and Bartlett Publishers; 2011. 930 p.

2. Watson JD. Biología molecular del gen. Ed. Médica Panamericana; 2006. 812 p.

3. Campbell NA. Biología: conceptos y relaciones. Pearson Educación; 2001. 860 p.

4. Audesirk T, Audesirk G, Byers BE. Biología: ciencia y naturaleza. Pearson Educación; 2004. 602 p.

5. Lehninger AL, Cox MM. Principios de bioquímica. Omega; 2006. 1232 p.

6. Berg J, Tymoczko J, Stryer L. Bioquímica. 6th ed. Barcelona - España: Reverté; 2008.

7. Bioquímica: la Ciencia de la Vida. EUNED; 348 p.

8. Le Provost G, Herrera R, Paiva JA, Chaumeil P, Salin F, Plomion C. A micromethod for high throughput RNA extraction in forest trees. Biol Res. 2007;40(3):291-7.

9. Castro Gómez JC, Jiménez N, Andersson G, Cerdeira Gutiérrez LA, Cobos Ruiz M. Purificación de ADN genómico a partir de hojas, raíces y neumatóforos de Mauritia flexuosa« aguaje». Rev Soc Quím Perú. 2013;79(3):209-17.

10. Alvarez-Nodarse R. Modelos matemáticos en biología: un viaje de ida y vuelta. Bol Soc Esp Mat Apl. 2006;35:73-112.

11. Rubio-Piña JA, Zapata-Pérez O. Isolation of total RNA from tissues rich in polyphenols and polysaccharides of mangrove plants. Electron J Biotechnol. 2011;14(5):11-11.

12. Williams BL, Wilson K. Principios y técnicas de bioquímica experimental [Internet]. Editorial Omega; 1980 [citado 5 de mayo de 2014]. Recuperado a partir de: http://dialnet.unirioja.es/servlet/libro?codigo=190961

13. Boyer R. Modern Experiemental Biochemistry. 3.ª ed. San Francisco - New York: Benjamin Cummings; 2000.

14. Gómez JC, Ruiz MC, Saavedra RR, Correa SI. Aislamiento de ADN genómico de Myrciaria dubia (HBK)«camu camu» apropiado para análisis moleculares. Cienc Amaz Iquitos [Internet]. 2012 [citado 12 de abril de 2014];2(1). Recuperado a partir de: http://revistas.ojs.es/index.php/cienciaamazonica/article/view/1308

15. García JL. EDTA Y la terapia de quelación. MoleQla Rev Cienc Univ Pablo Olavide. 2012;(6):27-30.

16. Brown T. Genomas. 3.ª ed. Buenos Aires - Argentina: Médica Panamericana; 2008. 760 p.

17. Khanuja SP, Shasany AK, Darokar MP, Kumar S. Rapid isolation of DNA from dry and fresh samples of plants producing large amounts of secondary metabolites and essential oils. Plant Mol Biol Report. 1999;17(1):74-74.

18. Granados DC, Díaz V. Optimización de un protocolo de extracción de ADN genómico para Pinus tecunumanii. Encuentro. 2013;(94):82-92.

19. Carrión Bonilla CA. Estudio de la diversidad y relaciones genéticas de seis razas ovinas pirenaicas orientales. 2012 [citado 5 de mayo de 2014]; Recuperado a partir de: http://repositorio.educacionsuperior.gob.ec/handle/28000/485

20. Teza VG, Fonseca MI, Walantus LH, Davalos P, Toro AA, Cariaga-Martinez AE, et al. Estandarización de marcadores moleculares microsatélites para su uso en la industria forestal de Misiones, Argentina. Rev Colomb Biotecnol. 2012;14(1):216-23.

4

Análisis Electroforético en gel de agarosa para ADN y ARN

Resumen

Una vez purificado el ADN y ARN, estos necesitan ser analizados, la electroforesis es un método que nos permite separar moléculas por sus tamaños y cargas eléctricas también identificar y purificar los fragmentos de ADN y ARN. Mediante la aplicación de un campo eléctrico a una matriz (gel de agarosa) donde los fragmentos que son sembrado, debido a la carga negativa que poseen, migran desde el polo negativo al polo positivo, separándose en función a su carga y tamaño, siendo los pequeños los que migren mayor distancia. Luego de la corrida electroforética el gel de agarosa se observar en un transiluminador UV para el análisis de los resultados. En este trabajo se ilustra todos los detalles fundamentales de la electroforesis de ácidos nucleicos y algunas aplicaciones prácticas.

Palabras clave: Electroforesis, ADN, ARN, Gel de agarosa, campo eléctrico, Migración y análisis

1. Introducción

1.1 Generalidades

La electroforesis es un método usado para separar moléculas en función de su tamaño y carga neta que posean, mediante un campo eléctrico que atraviesa una matriz de naturaleza porosa (1) (2). Este método se utiliza para separar los fragmentos de ADN y ARN, analizar, identificarlos y purificarlos (2) (3). El rango de tamaño de fragmentos analizados están entre 1000 y 23000 (4)

Para los análisis de ADN y ARN se suele utilizar la electroforesis en gel de agarosa. El gel se introduce de una cubeta con electrodos (ánodo y cátodo), la que contiene una solución liquida conductora, el material genético se coloca dentro de los pocillos del gel (2). La corriente eléctrica pasa a través de los electrodos situados en cada extremo de la cubeta. Los ácidos nucleicos al poseer carga negativa conferida por los grupos fosfatos, durante la electroforesis migrarán del polo negativo hacia el polo positivo (5) (Fig.4.1.). La matriz del gel de agarosa actúa como un tamiz molecular a través del cual los fragmentos pequeños de ADN o ARN se pueden mover con más facilidad que los más grandes. Tras cierto tiempo, los fragmentos pequeños avanzarán más que los más grandes. Los fragmentos del mismo tamaño permanecen juntos y migran juntos produciendo una sola banda de ADN o ARN en el gel.

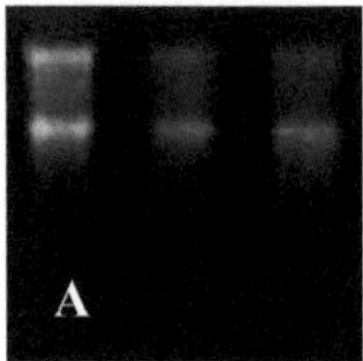
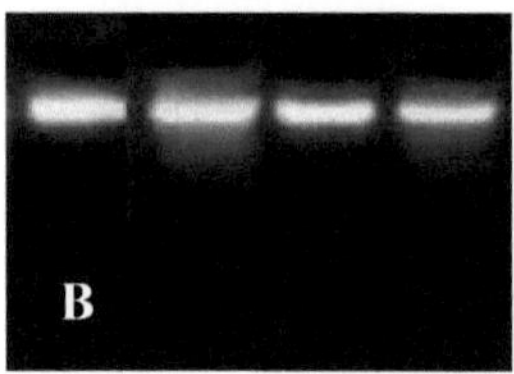

Figura 4.1. En la figura A se observa la corrida electroforética de ARN total, mientras que en B se visualiza las bandas de ADN genómico.

1.2   Gel de Agarosa

La agarosa es un polímero lineal (Fig.4.2.) compuesto de residuos alternantes de D-galactosa y 3,6-anhidro-L-galactosa, extraído de las algas marinas (3) (5), es ideal por ser prácticamente neutra. Los geles se preparan fundiendo la agarosa en polvo en un buffer elegido hasta conseguir una solución transparente y límpida. Posteriormente la solución se coloca en un molde y se deja solidificar Una vez que esto sucede, la agarosa forma una matriz, cuya densidad está determinada por la concentración misma de la agarosa.

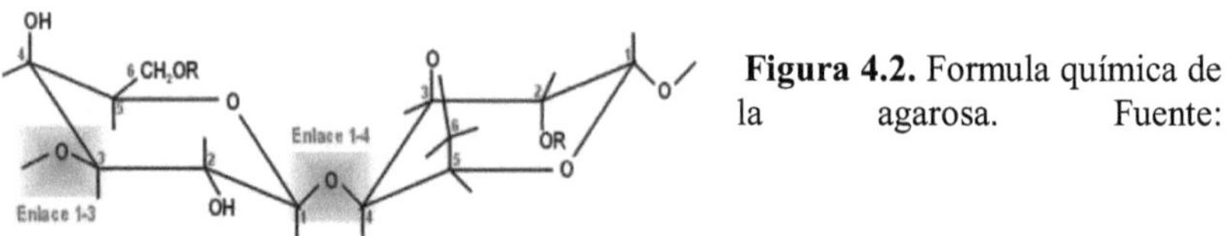

Figura 4.2. Formula química de la agarosa. Fuente:

http://www.cultek.com/aplicaciones.asp?p=Aplicacion_Electroforesis&opc=tecnicas

La concentración (p/v) de la agarosa es un parámetro de gran importancia
pues determina el rango de tamaños en los que obtendremos una buena
separación de los fragmentos de ADN (Tabla 1.)

% Agarosa	Gamas de tamaño de ADN (pb)
0,75	10 000 – 15 000
1,0	500 – 10 000
1,25	300 -5 000
1,5	200 – 4000
2,0	100 – 2500
2,5	50 – 1 000

Tabla 1. La separación de las gamas de tamaño de ADN (pb) en la derecha, están determinados por el porcentaje de agarosa presente en el gel. Fuente: **(2)**

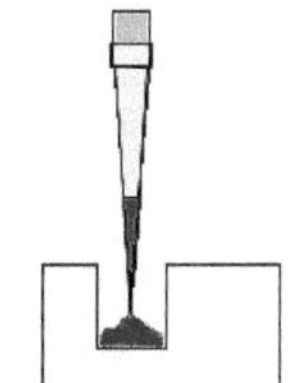

Figura 4.3. Muestra mesclado con buffer de carga sembrándose en el pocillo.

1.3 Buffer de carga (siembra)

Antes de sembrar la muestra del material genético
en el gel, este debe mezclarse con un buffer de carga,
aumentando el peso de la muestra para que se
introduzca en el interior del pocillo y no quede
flotando en la superficie, además el tampón de carga posee un colorante que
permite observar el desplazamiento de la muestra durante el corrido
electroforético para detenerla en el momento indicado (Fig.4.3.) (2).

1.4 Buffer de corrida

Sin la presencia de una solución iónica durante el corrido electroforético,
el ADN o ARN migra lentamente o no se desplazaría ya que la conductancia
eléctrica es mínima. El buffer de corrida es el encargado de establecer el
balance de iones que genere la fuerza iónica suficiente para lograr la
conductancia eléctrica adecuada que permita a las moléculas desplazarse;
sin ocasionar daños en el gel o desnaturalización del ADN o ARN. Existen
varios tipos de Buffer los más empleados son el Tris-acetato-EDTA (TAE),
Tris-borato-EDTA (TBE) y Tris-fosfato-EDTA (TPE) (2)

1.5 Voltaje

El gel es introducido en una cámara electroforética, esta tiene dos
electrodos (cátodo y ánodo) que se conectan a una fuente de poder con la que

se regula la intensidad de voltaje eléctrico que pasa hacia el gel (Fig.4.4.). La migración de las moléculas de ADN o ARN será proporcional al voltaje que se aplique. Si la fuerza iónica del campo es elevada, la movilidad de los fragmentos de alto tamaño molecular se incrementara diferencialmente, por lo que el rango de separación efectiva en los geles de agarosa decrece cuando se eleva el voltaje aplicado. (5)

Figura 4.4. A la izquierda se encuentra la cámara electroforética donde se introduce el gel para la corrida, con los dos electrodos que se encuentran conectados a la fuente de poder al lado derecho.

1.6 Solución fluorescente

El bromuro de etidio se utiliza como solución fluorescente, ya que este se intercala entre las bases nitrogenadas (Fig.4.5.), permitiendo la visualización de ácidos nucleicos en los geles de agarosa. El bromuro de etidio absorbe luz ultravioleta de $\lambda \approx 300$ nm, y emite una luz anaranjada de 590 nm (3), esto permite la observar de la posición y cantidad relativa del ADN en el gel tras la electroforesis.

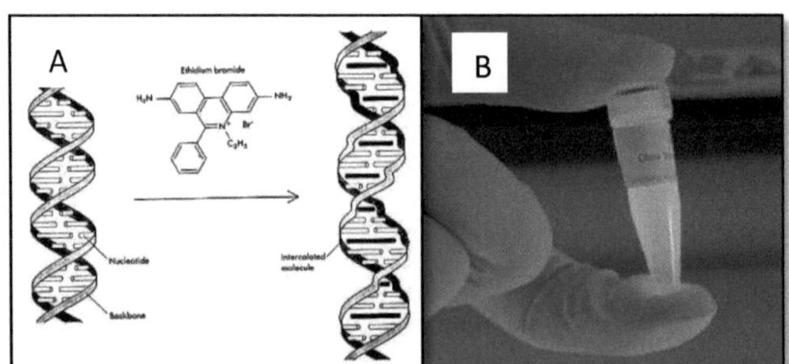

Figura 4.5. La figura A muestra la interacción e inserción del bromuro de etidio como agente intercalante en la molécula de ADN. En la imagen B se observa como el bromuro de etidio

2.   Materiales

2.1 Material biológico

- Muestra de ADN y ARN

2.2 Materiales de laboratorio
- Molde para el gel de agarosa
- Peines
- Matraces
- Frascos tapa rosca
- Vasos de precipitado 100 ml
- Parafilm

2.3 Instrumento
- Cámara de electroforesis horizontal
- Fuente de poder
- Micropipetas
- Transiluminador
- Agitador magnético
- Cocina
- Horno microondas

2.4 Reactivos y soluciones
- Agarosa
- Buffer de corrida: TBE
- Buffer de carga
- Bromuro de etidio

3. Métodos

3.1   Preparación del Buffer corrida TBE (5x)

El buffer contiene para un litro 5x pH 8: Tris base, 54 g; ácido bórico, 27,5 g; 0,5 M EDTA, 20 mL. Primero se añada el EDTA añadiendo al agua destilada (un volumen menor a medio litro), se ajusta el pH con NaOH hasta disolver el EDTA y la solución llegue a un pH de 8. Se ajusta el volumen, se esteriliza y se conserva a temperatura ambiente. El pH alcalino confiere a las moléculas de ácidos nucleicos la carga negativa.

3.2. Buffer de siembra

Se prepara un Stock de buffer de siembra que contiene 6% SDS, 0.5% azul de bromofenol, 0.5% bromuro de etidio, EDTA 10 µM y 95% de formamida. Para preparar el buffer de siembra final se coge 50 µl del Stock y 950 µL de formamida.

Para sembrar, se utiliza 50% del buffer de siembra final y 50% de muestra.

3.3. Preparación del gel de agarosa

Para ADN genómico se utiliza gel de agarosa al 1%. Pesar 1g de agarosa y disolver en 100mL de buffer de corrida. Calentar en horno microondas hasta lograr una solución traslucida. Dejar enfriar hasta una temperatura de aproximadamente 40°C y adicionar 2,5 µl de bromuro de etidio (10µL/mL), vasear el contenido en el molde de gel previamente acondicionado. Dejar gelificar, retirar el gel del molde y transferir el gel a la cámara electroforética. (6)

3.4. Corrido electroforético

Las muestras de ADN obtenida en el proceso de extracción y purificación son utilizadas para el corrido electroforético el cual consiste en:

1. Se coloca el gel en la cámara y adiciona el buffer de corrida.
2. Verificar que el buffer sobrepase el grosor del gel
3. Coger 6 µL de ADN resuspendido mesclar con 6 µL de buffer de siembra.
4. Con una pipeta de 20 µL sembrar 12 µL de muestra procesada en cada pocillo del gel. Evitar perforar el gel.
5. Realizar la siembra dejando el primer y último pocillos libres para la siembra del marcador.

6. Poner la tapa de la cámara y enchufar a la fuente de poder.
7. Programar la fuente de poder a 100 voltios por una hora.

3.5. Revelado o visualización

Trascurrido el tiempo de corrida de electroforesis retirar el gel a una cubeta de vidrio y llevarlo al trasluminador UV, aquí se observaran las bandas de ADN y ARN y se realiza el registro fotográfico.

4. Referencias bibliograficas:

1. García Pérez HM. Electroforesis en geles de poliacrilamida: Fundamentos, actualidad e importancia. UNIV DIAG. Enero 10;: 31-41. 2001.
2. Somma M, Querci M. OMS oficina Regional Para Europa. Análisis de la Presencia de Organismos Genéticamente Modificados en Muestras de Alimentos, Sesión n° 5: electroforesisi en gel de agarosa. 2007.
3. Fierro Fierro F. Electroforesis de ADN. 1° edición. Editorial Instituto Nacional de Ecología y Cambio Climático .Mexico. 2014.
4. Westermeier R. Electrophoresis in Practice Weinheim: WILEY-VCH Verlag GmbH & Co. KGaA; 2005.
5. Puerta B, Ureña P. Practicas de biologia molecular.2005.
6. Maniatis T. Molecular Cloning, a laboratory manual. USA: Cold Spring Harbor Laboratory Pree. 1989.

5

Análisis Espectrofotométrico de Ácidos Nucleicos

Resumen

La espectrofotometría UV-visible es una técnica analítica, que permite determinar la concentración de un compuesto en solución. Se basa en que las moléculas absorben las radiaciones electromagnéticas y a su vez que la cantidad de luz absorbida depende de forma lineal de la concentración. La medición espectrofotométrica de ácidos nucleicos, oligonucleótidos y mononucleótidos se cuantifican a través de la medición de la absorbancia que emite el espectro ultravioleta. La pureza de la concentración en los ácidos nucleicos se determina por la presencia de bases nitrogenadas que forman parte de la estructura y se miden a una longitud de onda de 260 nm. La interferencia de contaminantes se determina calculando un cociente de la absorción de la muestra pura y la longitud de onda a 230 nm ($A260/A230$) lo que significa que la muestra está contaminada con otro tipo de moléculas como carbohidratos, compuestos aromáticos, fenoles u otras sustancias. Si el contaminante es una proteína, la relación del cociente debe ser empleando una longitud de onda de 280 nm, ($A260/A280$). El cociente de las muestras puras se encuentra en un rango de 1,7 y 2,0, la concentración de ADN en una unidad de absorbancia a 260 nm es de 50 ng/µL de ADN y para ARN es de 40 ng/µL.

Palabras clave: ADN, ARN, absorbancia, colorimetría, cromóforo, transmitancia, espectro, ultravioleta.

1. Introducción

1.1. Ácidos nucleicos

En los seres vivos, la información genética que permite la subsistencia se encuentra almacenada en los ácidos nucleicos. Por ello, estas importantes moléculas, se han convertido a lo largo de los años en motivo de investigación.

Algunos experimentos en los que se manipulan los ácidos nucleicos, requieren conocer su concentración exacta para asegurar resultados óptimos y reproducibles (1). Para esto, existen diversos métodos para cuantificar la concentración de ácidos nucleicos en una preparación acuosa, siendo uno de los más sencillos, accesibles y útiles, la espectrofotometría.

Si la muestra es pura; es decir, no contiene cantidades significativas de contaminantes como proteínas, fenol, agarosa, carbohidratos u otras moléculas cromóforas (2) , su medición mediante espectrofotometría de la luz UV absorbida por las bases nitrogenadas es la más adecuada (3). La espectrofotometría UV/Visible, nos permite confirmar que contamos con cantidad suficiente de ácidos nucleicos (ADN/ARN) de calidad adecuada antes de llevar a cabo ensayos de PCR cuantitativa en tiempo real (QRTPCR), análisis de SNPS (Polimorfismos de nucleótido único) o la secuenciación automática de muestras de DNA de plásmidos, cósmidos, productos de PCR, entre otros (4). Debido a su rapidez, simplicidad y ausencia de daño, la cuantificación de ADN por espectrofotometría ha sido ampliamente utilizada. Sin embargo, esta técnica es poco sensible, y para la mayoría de los espectrofotómetros se requiere una concentración de ADN de al menos 1 μg.mL^{-1} en la muestra para poder realizar estimaciones válidas.

1.2. Fundamento de la espectrofotometría

El espectrofotómetro, se fundamenta en la transmisión de la luz a través de una solución para determinar la concentración de un soluto presente en la misma. Eso se explica por la capacidad de las moléculas para absorber radiaciones, entre ellas las radiaciones dentro del espectro UV-visible (5). Las longitudes de onda (λ) de las radiaciones que una molécula puede absorber y la eficiencia con la que se absorben dependen de la estructura atómica y de las condiciones del medio (pH, temperatura, fuerza iónica, constante dieléctrica) (6).

Transiciones electrónicas

Las radiaciones electromagnéticas (Fig. 5.1.) se caracterizan por la longitud de onda (λ) o la frecuencia (v). Estas magnitudes están relacionadas entre sí por la ecuación:

$$c = v \cdot \lambda$$

Donde c es la velocidad de la luz (en el vacío= 2,998 $\cdot$ 10^{10} cm.s^{-1}). Un cuanto de luz (fotón) de frecuencia v posee una energía.

$$E = h \cdot v$$

La constante de Planck h equivale a $\approx 6{,}63 \cdot 10^{-34}$ J. La interacción entre las ondas electromagnéticas y las moléculas conducen, en el caso de la absorción de la luz en la región ultravioleta y visible, a la excitación electrónica, por lo general, de los electrones de valencia (7).

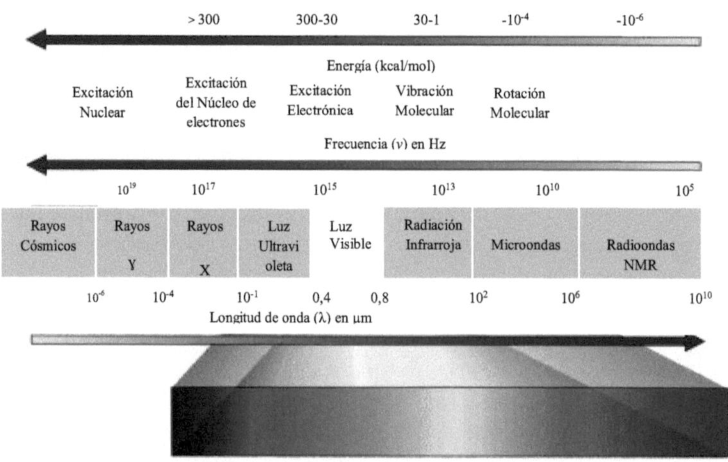

Figura 5.1. Espectro electromagnético de la luz

La luz visible para el ojo humano, comienza inmediatamente por encima de la región UV a $\lambda = 400$ nm. Basándose en la diferente actividad biológica de la luz UV, se hace una subdivisión en UV-A (400 - 320 nm), UV-B (320 – 280 nm), UV-C (280 – 10 nm) (Fig. 5.2.).

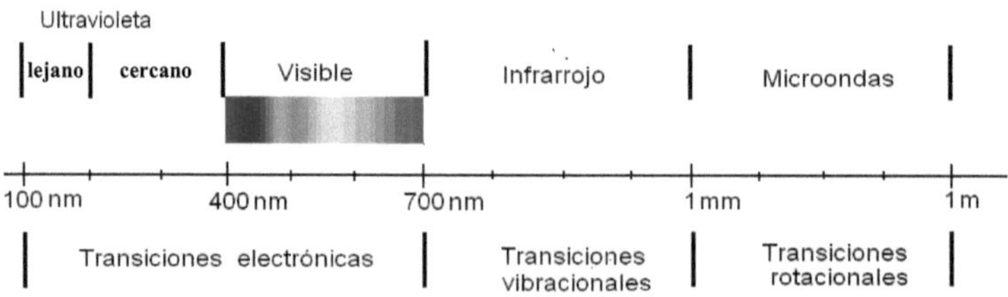

Figura 5.2. Región UV/Vis del espectro electromagnético (1 Einstein = 1 mol de fotones)

Antes se indicaba la longitud de onda generalmente en Ångström, mientras que hoy se emplea el nanómetro (1 nm = 10^{-7} cm). En vez de indicar la frecuencia en s^{-1}, es más corriente utilizar el número de ondas $\bar{\upsilon}$ en cm^{-1}.

$$\bar{\upsilon} = \frac{1}{\lambda} = \frac{v}{c}$$

Si se aplica la energía a un fotón o a un único proceso atómico o molecular, es usual emplear la unidad 1 eV (electrón voltio). Para un mol, es decir $6,02 \cdot 10^{23}$ fotones la energía se da en kJ. La energía y el número de ondas son directamente proporcional entre si.

Espectrofotómetro UV-Visible

El espectrofotómetro de haz único consta de una fuente luminosa, un prisma, un recipiente con la muestra y una célula fotoeléctrica (detector). Los distintos elementos están conectados a los sistemas eléctricos o mecánicos adecuados para controlar la intensidad luminosa y la longitud de onda y para convertir en variaciones de tensión la energía recibida en la célula fotoeléctrica. Las variaciones de tensión se miden en un contador o se registran en un ordenador para su posterior análisis. (Fig. 5.3.). Así como los ácidos nucleicos, cada molécula absorbe la energía radiante a una longitud de onda específica, a partir de la cual es posible extrapolar la concentración de un soluto en una solución, mediante un arreglo de la ley de Lambert-Beer.

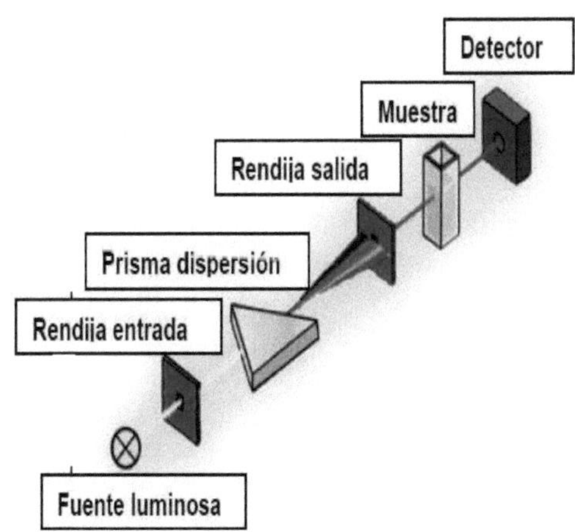

Figura 5.3. Esquema de funcionamiento de un espectrofotómetro

1.3. Ley de Lambert-Beer

Cuando se pasa un rayo de luz monocromático de intensidad inicial I_o a través de una solución en un recipiente transparente, parte de la luz es absorbida de manera que la intensidad de la luz transmitida I_1 es menor que I_o. Ocurre alguna disminución en la intensidad de la luz por dispersión de las partículas o reflexión en las interfases, pero principalmente por absorción de la solución. La relación entre I_1 e I_o dependen de la longitud del medio absorbente, l, y de la concentración de la solución absorbente, c (Fig. 5.4.).

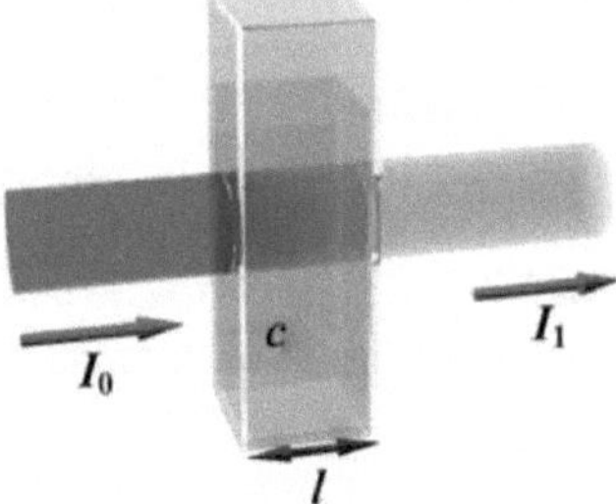

Figura 5.4. Representación de la Ley de Lambert-Beer

Existe una relación lineal entre la absorbancia A (también denominada densidad óptica, DO) y la concentración de la macromolécula, conforme a la ecuación siguiente:

$$A = DO = \varepsilon l c$$

Donde ε es el coeficiente de extinción molar, c es la concentración y l es el paso de luz de la cubeta.

1.4. Ratios de calidad

Las aplicaciones que requieren la cuantificación de ADN de doble cadena (dsDNAs) incluyen protocolos que utilizan plásmidos, virus, o genomas. Típicamente, la cuantificación se realiza mediante la adopción de medidas de absorbancia a 260, 280 y 320 nm. La absorbancia a 260 nm se utiliza para detectar específicamente el componente de ácido nucleico de la solución. La absorbancia a 280 nm se utiliza para detectar la presencia de proteína (desde triptófano (trp) y residuos que absorben a esta longitud de onda). La absorbancia a 320nm se utiliza para detectar cualquier componente insoluble que cause la dispersión de la luz. El espectrofotómetro capaz de proporcionar la exploración 200-320 nm dará la máxima información relevante (Fig. 5.5.) (6).

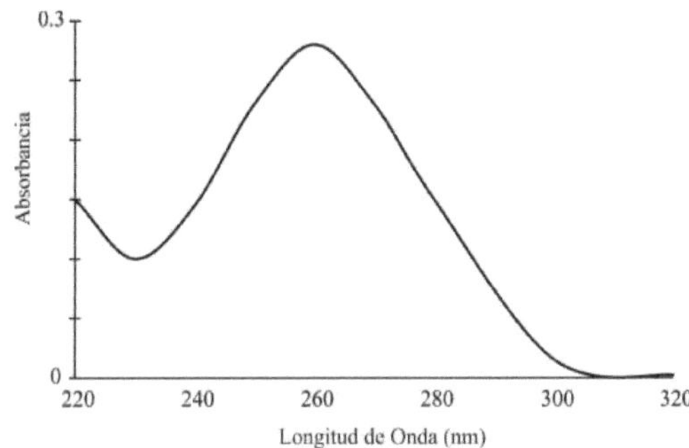

Figura 5.5. Barrido espectrofotométrico de 220-320 nm

La absorción de la luz ultravioleta a una longitud de onda de 260 nm es proporcional a la concentración de ácidos nucleicos en la solución. Esta relación entre ambos está tan bien caracterizada, que la absorción UV es usada para determinar la concentración exacta de ácidos nucleicos en una solución problema (1). La relación entre la concentración de ADN y la absorción es lineal sobre una absorción de 2 a 260 nm (Fig. 5.6.). Para la medición de absorción de una solución de ácidos nucleicos en el espectrofotómetro, la mayoría de laboratorios de biología molecular usa cubetas de cuarzo con un ancho de 1 cm. a través del cual viaja un rayo de luz, siendo esta medida, la asumida de manera general en la mayoría de discusiones.

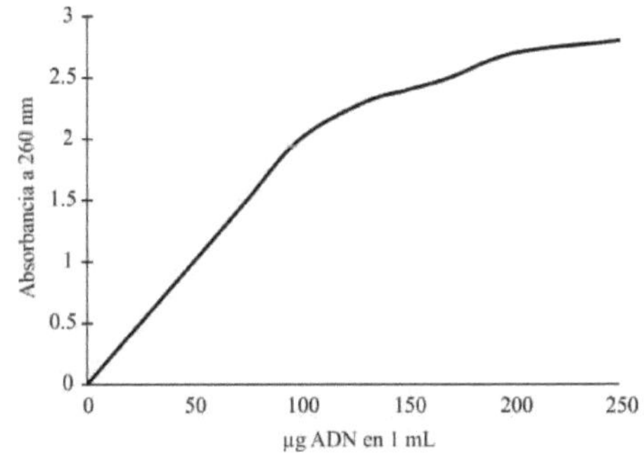

Figura 5.6. Relación lineal entre la concentración
de ADN y su absorbancia a 260 nm.

Para los ácidos nucleicos purificados a partir de una fuente biológica (más que aquellos hechos sintéticamente), se calcula la relación de las lecturas obtenidas a 260 y 280 nm para dar una estimación de la contaminación con proteínas. El ADN o ARN puro, libre de contaminación proteica tendrá un cociente A260/A280 cerca de 1,8. Si el fenol o contaminación proteica está presente en la preparación de ADN, la relación A260/A280 será menor que 1,8. Si RNA está presente en la preparación de ADN, la relación A260/A280 puede ser mayor que 1,8. Preparaciones de ARN puros tendrán una relación A260/A280 cerca de 2,0 (1).

1.5. Determinación de la concentración de ácidos nucleicos

Las proteínas y los ácidos nucleicos absorben la luz en el intervalo ultravioleta, a longitudes de onda comprendidas entre los 210 y los 300 nm. Tal como se ha señalado anteriormente, la absorbancia máxima de las soluciones de ADN y ARN corresponde a 260 nm y la de las soluciones de proteínas, a 280 nm. Dado que las soluciones de ADN y ARN absorben parcialmente la luz a 280 nm y las que contienen proteínas hacen lo propio a 260 nm, el cociente de los valores obtenidos a 260 nm y a 280 nm (A260/A280) proporciona una estimación del grado de pureza de los ácidos nucleicos. Los cocientes A260/A280 respectivos del ADN y el ARN puros son aproximadamente de 1,8 y 2,0. Con un paso de luz de 10 mm y una longitud de onda de 260 nm, una absorbancia A = 1 corresponde aproximadamente a 50 µg/ml de ADN bicatenario, 37 µg/ml de ADN monocatenario, 40 µg/ml de ARN o 30 µg/ml de oligonucleótidos. Si la muestra también contiene proteínas, el cociente A260/A280 será considerablemente inferior a dichos valores y no podrá determinarse con exactitud la cantidad de ácidos nucleicos. Debe precisarse que la espectrofotometría no permite identificar de forma fiable impurezas de ARN presentes en las soluciones de ADN. Puede emplearse la absorbancia a 325 nm para poner de manifiesto la presencia de restos en la solución o la suciedad de la cubeta.

A 260 nm, la concentración de ADN tan bajo como 2 µg/mL puede ser detectado. Una solución de ADN con una concentración de 50 µg/mL tendrá una absorbancia a 260 nm equivalente a 1.0.

2. Materiales

2.1. *Material biológico*
La muestra de ADN o ARN purificado.

2.2. *Materiales de laboratorio*
Equipo de protección: Mandil, guantes, mascarilla, gorro y gafas
Materiales: Piseta, papel secante, cubetas (cuarzo, vidrio u otro), micropipeta de 20-200 µL, puntas de plástico descartables de 200 µL .
Otros: Libreta de apuntes, lápiz.

2.3. *Instrumento*
Espectrofotómetro (rango UV-Visible: 190 nm-1110 nm)

2.4. *Reactivos y soluciones*
Buffer T.E. (Tris-HCl pH 8.0, 20 mM; EDTA 0.1 mM)

3. Métodos

- ➤ Rotular cada muestra y transportarlas, en un contenedor fresco, hasta el espectrofotómetro en el que se realizará el análisis.
- ➤ Acondicionar la mesa de trabajo y encender el equipo.
- ➤ Programar el espectrofotómetro para realizar barridos entre 200 a 700 nm.
- ➤ Poner el espectrofotómetro a cero, haciendo la lectura del blanco que corresponde a 1 mL de Buffer T.E. o agua destilada.
- ➤ Preparar la primera muestra para correr, adicionando 980 µl de Buffer T.E y 20 µl de la muestra de ADN o ARN en una cubeta limpia, de tal manera que se tendrá una dilución 1/50.
- ➤ Hacer el barrido espectrofotométrico y realizar la lectura a 230 nm, 260 nm y 280 nm. Anotar las absorbancias.
- ➤ Enjuagar la cubeta con agua destilada y secarla cuidadosamente con papel absorbente para realizar un nuevo barrido espectrofotométrico de otra muestra.
- ➤ Repetir los tres pasos anteriores con cada muestra.
- ➤ Para estimar los ratios de calidad considerar las absorbancias A260 nm/A280 nm y A260 nm/A230 nm. los cocientes deben encontrarse entre los valores de 1.7 y 2.0 para garantizar la calidad de la muestra.
- ➤ El cálculo de la concentración de ADN y ARN se obtiene considerando las absorbancias A260 nm de la siguiente manera:

1 Unidad de Absorbancia a A260 nm = 50 ng/µl de ADN.
1 Unidad de Absorbancia a A260 nm = 40 ng/µl de ARN

$$ADN \ (mg/mL) = A260 \ nm \times 50 \ ng/\mu l \ de \ ADN \times factor \ de \ dilución$$
$$ARN \ (mg/mL) = A260 \ nm \times 40 \ ng/\mu l \ de \ ARN \times factor \ de \ dilución$$

4. Notas

Este tipo de análisis se utiliza de manera general para los ácidos nucleicos; es decir, no diferencia entre ADN o ARN; por lo que, para comprobar la integridad del ADN o ARN y la ausencia de su contraparte contaminante, se deberá realizar una corrida electroforética en un gel de agarosa al 1%.

5. Referencias Bibliográficas

1. Stephenson FH. Calculations for Molecular Biology and Biotecnology. 1.ª ed. USA: Elsevier; 302 p.

2. Somma M. Extracción y Purificación de ADN. Análisis de la Presencia de Organismos Genéticamente Modificados en Muestras de Alimentos. European commission. Institute for Heath and Consumer Protection; 2002. p. 19.

3. Sambrook J, Russell D. Molecular cloning. A laboratory manual. 3.ª ed. New York: Cold Spring Harbor Laboratory Press; 2001.

4. Pietro MJ, López J, Pueyo C. Purificación de ácidos nucleicos. Practicas generales de bioquímica y biología molecular [Internet]. Recuperado a partir de: http://www.uco.es/dptos/bioquimica-biol-mol/practicasgenerales.htm

5. Abril N, Bárcena A, Fernández E, Galván A, Jorrín J, Peinado J, et al. Espectrofotometría: Espectros de absorción y cuantificación colorimétrica de biomoléculas. Practicas generales de bioquímica y biología molecular [Internet]. Recuperado a partir de: http://www.uco.es/dptos/bioquimica-biol-mol/practicasgenerales.htm

6. Plumer DT. Introducción a la Bioquímica Práctica. Colombia: McGraw Hill Latinoamericana SA;

7. Hesse M, Meir H, Zeeh B. Métodos espectroscópicos en Química Orgánica. 5.ª ed. Madrid: Síntesis; 1995.

6

Reacción en Cadena de la Polimerasa

Resumen

La Reacción en Cadena de la Polimerasa (PCR, por sus siglas en inglés), es una técnica de biología molecular que fue desarrollada por Kary Mullis a finales de la década de los 80. Pero esta invención fue gracias a investigaciones científicas previas realizadas por personajes destacados como Friedrich Miescher, Oswald Avery, Watson y Crick entre otros. La técnica es relativamente simple y consta de tres etapas que se repiten de 30 a 40 veces y son desnaturalización, hibridación y extensión. Con este procedimiento se puede sintetizar millones de copias a partir de una sola plantilla de ADN. Debido a ello tiene múltiples aplicaciones en los distintos campos de las ciencias, tales como, diagnóstico molecular de infecciones, diagnóstico pre-natal, detección de mutaciones entre otras.

Palabras clave: amplificación del ADN, clonación in vitro, Taq polimerasa

1. Introducción

1.1. Breve historia

Varios científicos han contribuido de manera directa en indirecta con el desarrollo de la reacción en cadena de la polimerasa (*Polymerase Chain Reaction,* PCR, por sus siglas en inglés). Podemos iniciar citando a Friedrich Miescher quién por primera vez aisló el ADN en 1869, al cual denominó nucleína (1). Posteriormente, en 1944 Oswald Avery y col. demuestran de manera fehaciente que el ADN es la molécula portadora de la información genética (2). Luego, en 1953 James Watson y Francis Crick proponen un modelo para la estructura tridimensional del ADN y deducen un posible mecanismo de copia de la información genética (3,4). A finales de los años 50 Arthur Kornberg y col. realizan la purificación parcial y caracterización de una ADN polimerasa de *Escherichia coli* (5) y en 1971 Gobind Khorana y col. realizan algunos trabajos pioneros sobre el principio básico de la replicación de una pieza de ADN usando dos cebadores (6), pero sus investigaciones fueron limitadas por problemas de la síntesis de cebadores y purificación de la ADN polimerasa. Después, a finales de la década de los

80, Kary Mullis concibió teóricamente la idea de copiar un segmento específico del ADN y demostró experimentalmente que esto era posible tal como se muestra en la Figura 6.1 (7).

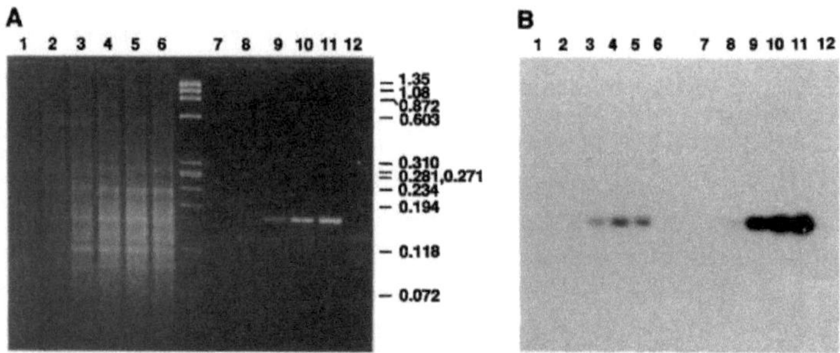

Figura 6.1. Comparación de la actividad catalítica de Klenow y Taq polimerasas en la amplificación de productos de PCR del gen de la b-globina. A) análisis electroforético de los productos de PCR obtenidos con Klenow polimerasa (carriles 1-6) y Taq polimerasa (carriles 7-12). B) Análisis Southern del gel con sonda de oligonucleótido marcada con [32]P. Fuente: Saiki *et al*. (7).

1.2. Principio de la PCR

La PCR es una técnica de biología molecular útil para realizar la síntesis (amplificación) enzimática *in vitro* de millones de copias (amplicones) usando como molde un segmento específico del ADN genómico ó ADN complementario (8,9). La reacción de síntesis de amplicones se realiza en termocicladores. Estos equipos están diseñados para programar diferentes temperaturas, tiempos y número de ciclos apropiados para la síntesis de los amplicones (amplificación). Las temperaturas empleadas son denominadas de desnaturalización (94-95°C), hibridación (45-60°C) y extensión (60-72°C). La temperatura de desnaturalización tiene el propósito de romper los puentes de hidrógeno que unen las hebras complementarias del ADN y puede tener una duración de 30 s a 5 min. La temperatura de hibridación permite la unión de los cebadores a las regiones complementarias del ADN, finalmente la temperatura de extensión (60-72°C) es apropiada para que la enzima ADN polimerasa realice la síntesis del ADN, es decir la reacción de polimerización de la nueva hebra en base al ADN molde (10). Estas etapas se repiten de 30 a 40 veces para lograr varios millones de copias en un par de horas (Fig. 6.2).

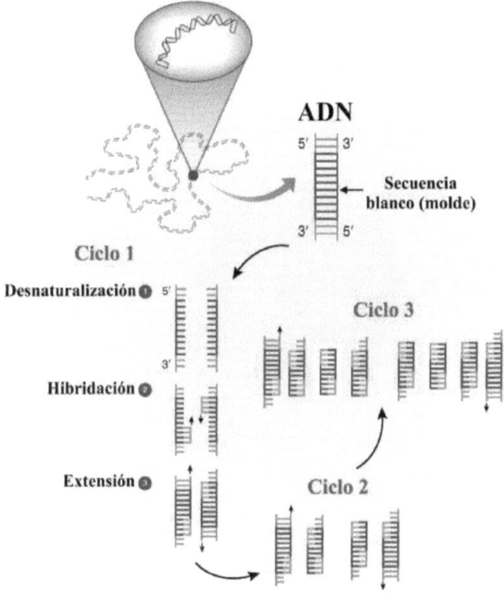

Además, para sintetizar los amplicones se requieren de varios componentes químicos cada uno con funciones específicas. Entre estos tenemos a: 1) un tampón que proporciona estabilidad del pH (p.ej., Tris), 2) iones para brindar la fuerza iónica apropiada para la reacción (p.ej. KCl), 3) la enzima ADN polimerasa (p.ej. Taq polimerasa), que sintetiza los amplicones en base al ADN molde, 4) los cebadores (*primers*, en inglés) que son oligonucleótidos de 18 a 22 unidades complementarias a la región del ADN molde, 5) el cloruro de magnesio (MgCl$_2$) que es el cofactor de la enzima, 6) los desoxirribonucleótidos (ATP, GTP, CTP y TTP), que son empleados para la síntesis de los amplicones, 7) El ADN genómico que posee la región que será copiada (molde) y 8) agua para un volumen de reacción final de 10-50 µL.

1.3. Características de la Taq polimerasa

La ADN polimerasa de *Thermus aquaticus* (Taq polimerasa) es comúnmente empleada para realizar la PCR. Esta enzima presenta varias características importantes (Fig. 6.3). Por ejemplo, tiene homología con la

ADN polimerasa I (pol I) de *Escherichia coli*. Como la pol I, la Taq polimerasa presenta dos dominios, el primero está localizado en el extremo amino terminal con actividad de nucleasa 5' y el segundo está ubicado en su extremo carboxilo terminal que es responsable de la reacción de la polimerasa. A diferencia de la pol I la taq polimerasa ha perdido la actividad exonucleasa de edición 3'→5' (11,12)

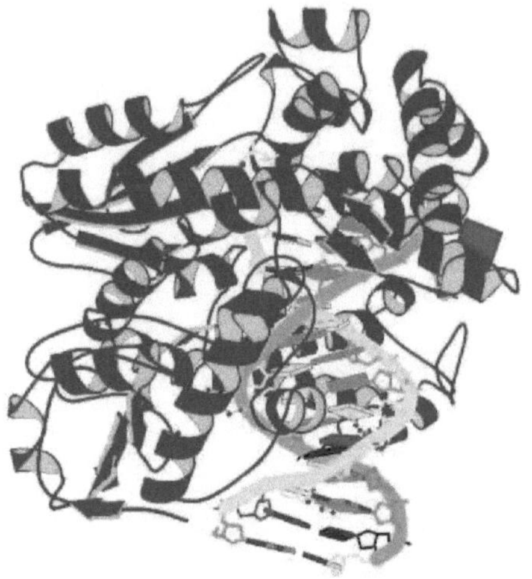

Figura 6.3. Estructura ternaria de la Taq polimerasa.
Fuente: Holzberger *et al*. (13)

La fuente de la estabilidad termal de la Taq polimerasa no se evidencia al realizar la comparación estructural con la pol I. Sin embargo, la Taq polimerasa presenta 4 veces más puentes de hidrógeno, 2 puentes salinos entre los subdominios en el dominio de la polimerasa lo vuelve hidrofóbico. Además, la proporción de leucina a isoleucina es 4,4 veces mayor y la proporción de arginina a lisina es 1.3 veces mayor. En conjunto, estas características contribuyen a la gran termoestabilidad de la Taq polimerasa (12).

1.4. *Análisis de los productos de la PCR*

Existen varios métodos de análisis de los productos de PCR. El primero y más común es la separación de los amplicones en geles de agarosa y la tinción del ADN con bromuro de etidio (Fig. 6.4). Los productos son observados con un transiluminador de luz ultravioleta. En el segundo método, en desuso actualmente, los productos son inmovilizados en filtros de nitrocelulosa e hibridados con sondas radioactivas. Alternativamente, pueden generarse productos radioactivos incluyendo en la reacción de PCR desoxirribonucleótidos o cebadores marcados con ^{32}P. El tercer método, consiste en secuenciar los productos directamente o después de su clonación en un vector plasmídico apropiado (13). Finalmente, en la actualidad se ha popularizado la detección de los amplicones durante la reacción de PCR (PCR en tiempo real) usando fluoróforos que se intercalan los amplicones que se están sintetizando o empleando sondas que dan señales fluorescentes conforme se realiza la síntesis (14).

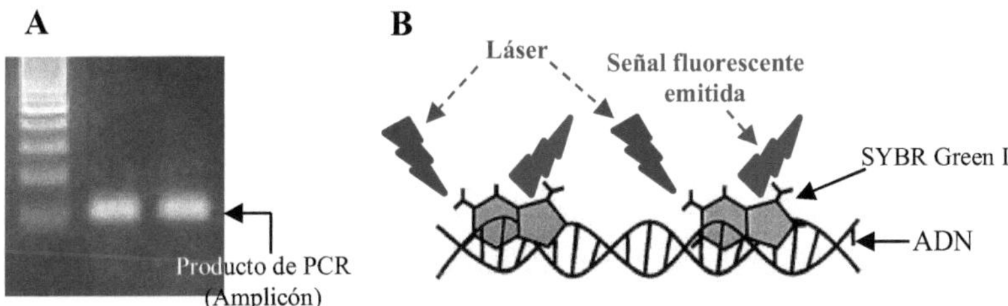

Figura 6.4. Dos métodos comunes para el análisis de los productos de PCR. A) Análisis electroforético en gel de agarosa y B) Detección de la señal fluorescente por PCR en tiempo real

1.5. Problemas comunes con la PCR

Aunque la técnica es simple, práctica y fácilmente ejecutable por personas poco diestras, sin embargo, existen varios problemas asociados que deben ser solucionados oportunamente cuando sean detectados. Algunos de estos problemas son:

1) **No hay amplificación de los productos**: esto se puede atribuir a que no se añadió algún o algunos de los reactivos del PCR o si fueron añadidas, las concentraciones empleadas son inapropiadas. Por tanto, es necesario repetir los experimentos verificando que los cálculos de concentración son correctos y se debe evaluar diferentes concentraciones de $MgCl_2$, desoxirribonucleótidos, cebadores, ADN genómico (ó ADN complementario). También, puede deberse a que la temperatura de hibridación de los cebadores es incorrecta. Si este es el caso se debe evaluar la PCR en diferentes temperaturas de hibridación con incrementos de 0,5°C. Asimismo, puede atribuirse a

que los cebadores no han sido bien diseñados, por tanto, es necesario evaluar otros pares de cebadores. Adicionalmente, la presencia de inhibidores de la enzima Taq polimerasa en las muestras de ADN bloquean la síntesis de los amplicones. Se ha demostrado este efecto con varios compuestos inhibidores (p.ej. Hem, metabolitos en tejidos vegetales, etc) presentes en las muestras de ADN impuras. Finalmente, este problema puede atribuirse a reactivos en mal estado (p.ej. almacenados incorrectamente, vencidos, etc) o fallas en el termociclador.

2) **La cantidad de productos de PCR es mínima**: este problema se evidencia por una banda de ADN tenue en el gel de agarosa. Al igual que con el problema mencionado previamente, puede atribuirse a concentraciones inadecuadas de los reactivos, temperaturas de hibridación incorrectas, presencia de inhibidores de la Taq polimerasa, cebadores mal diseñados, reactivos en mal estado, etc. Este problema puede solucionarse evaluando el efecto de las diferentes variables que intervienen en la PCR (químicas y físicas).

3) **Hay amplificación de productos inespecíficos**: estos son productos de amplificación con tamaños diferentes (mayores o menores) al tamaño esperado del producto de PCR. Este problema puede atribuirse a temperaturas de hibridación menores a la óptima de los cebadores. Además, puede deberse a cebadores mal diseñados y concentraciones inadecuadas del $MgCl_2$.

4) **Presencia de exceso de dímeros**: este problema se atribuible a cebadores mal diseñados y se debe a la unión complementaria de los cebadores (homodímeros y heterodímeros) y estas son copiadas por la Taq polimerasa durante la PCR. En este caso, si el dímero afecta significativamente la síntesis de los productos, es preferible diseñar nuevos cebadores.

5) **Contaminación molecular**: se debe a la introducción de cualquier secuencia nucleotídica foránea en el proceso de la PCR. Desde que la PCR nos permite detectar incluso una única molécula de ADN, consecuentemente la contaminación accidental de la muestra con

una secuencia específica va a generar resultados falsos positivos. Por tanto, es preciso establecer estrictas condiciones al momento de usar la técnica PCR. Por ejemplo, los reactivos deben almacenarse en alícuotas, los ambientes destinados para realizar la PCR deben estar físicamente separados y se requieren por lo menos cuatro ambientes: para la preparación de soluciones, preparación de las muestras (pre-PCR), para las reacciones de amplificación (PCR) y para los análisis (post-PCR).

1.6. Aplicaciones de la PCR

Actualmente son múltiples las aplicaciones de la PCR entres estas tenemos: clonación molecular, secuenciamiento, mutagénesis sitio dirigida, tipificación molecular, detección de enfermedades genéticas, diagnóstico molecular, ciencia forense, antropología, hematología, diagnóstico pre-natal, estudios de ligamiento genético, entre otras aplicaciones.

6.2. Materiales y Métodos

Reactivos y soluciones: reactivos para PCR (tampón 10x, $MgCl_2$ 25 mM, desoxirribonucleótidos 10 mM, cebadores 10 mM, Taq polimerasa 5 U/µL, ADN genómico 20 ng/µL), tampón TBE 0,5x, agarosa, bromuro de etidio,

Materiales y equipos menores: microtubos de 0,2 y 1,5 mL, puntas de plástico con filtro de 0,1-10 µL, 10-200 µL, 100-1000 µL, plumón de tinta indeleble, crioracks, micropipetas de volumen variable de 0,1-2 µL, 0,5-10 µL, 10-100 µL, 100-1000 µL.

Equipos: microcentrífugas, termociclador, equipo de electroforesis horizontal, sistema de fotoregistro, cabina de flujo laminar.

Procedimientos

En microtubos de 0,2 mL añadir los reactivos que se indican en la siguiente tabla:

Componentes	Volumen del reactivo (μL)	Concentración
Agua ultrapura c.s.p 20 μL	7,2	
Buffer 10,0 x	2,0	1,0 x
25 mM MgCl$_2$	2,4	3,0 mM
dNTPS 10 mM	0,4	0,2 mM
Primer F (10 μM)	2,0	1 μM
Primer R (10 μM)	2,0	1 μM
Taq polimerasa 5 U/μL	2,0	0,5 U/μL
ADN genómico (20 ng/μL)	2,0	2 ng/μL
Volumen total	20	

Homogenizar y centrifugar brevemente, luego poner los microtubos en el termociclador y proceder con la reacción de PCR bajo las siguientes condiciones:

Temperatura (°C)	Tiempo	N° de ciclos
94	5 min	1
94	30 seg	
55	30 seg	35
72	1 min	
72	10 min	1
4	Indefinido	1

Después de completar la reacción de PCR, realizar una corrida electroforética de 10 μL de los amplicones en un gel de agarosa al 2% (con bromuro de etidio) y proceder a visualizar las bandas de ADN en el sistema de fotoregistro BioDocAnalyze.

6.3. Referencias bibliográficas

1. Dahm R. Discovering DNA: Friedrich Miescher and the early years of nucleic acid research. Hum Genet. 2008;122(6):565-81.

2. Avery OT, Macleod CM, McCarty M. Studies on the chemical nature of the substance inducing transformation of pneumococcal types : induction of transformation by a Desoxyribonucleic acid fraction isolated from Pneumococcus type III. J Exp Med. 1944;79(2):137-58.

3. Watson JD, Crick FH. Molecular structure of nucleic acids; a structure for deoxyribose nucleic acid. Nature. 1953;171(4356):737-8.

4. Watson JD, Crick FH. Genetical implications of the structure of deoxyribonucleic acid. Nature. 1953;171(4361):964-7.

5. Lehman IR, Bessman MJ, Simms ES, Kornberg A. Enzymatic synthesis of deoxyribonucleic acid. I. Preparation of substrates and partial purification of an enzyme from Escherichia coli. J Biol Chem. 1958;233(1):163-70.

6. Kleppe K, Ohtsuka E, Kleppe R, Molineux I, Khorana HG. Studies on polynucleotides. XCVI. Repair replications of short synthetic DNA's as catalyzed by DNA polymerases. J Mol Biol. 1971;56(2):341-61.

7. Saiki RK, Gelfand DH, Stoffel S, Scharf SJ, Higuchi R, Horn GT, et al. Primer-directed enzymatic amplification of DNA with a thermostable DNA polymerase. Science. 1988;239(4839):487-91.

8. Gibbs RA. DNA amplification by the polymerase chain reaction. Anal Chem. 1990;62(13):1202-14.

9. Vosberg HP. The polymerase chain reaction: an improved method for the analysis of nucleic acids. Hum Genet. 1989;83(1):1-15.

10. Garibyan L, Avashia N. Polymerase chain reaction. J Invest Dermatol. 2013;133(3):e6.

11. Eom SH, Wang J, Steitz TA. Structure of Taq polymerase with DNA at the polymerase active site. Nature. 1996;382(6588):278-81.

12. Kim Y, Eom SH, Wang J, Lee DS, Suh SW, Steitz TA. Crystal structure of Thermus aquaticus DNA polymcrase. Nature. 1995;376(6541):612-6.

13. Eeles RA, Warren W, Stamps A. The PCR revolution. Eur J Cancer. 1992;28(1):289-93.

14.   Ginzinger DG. Gene quantification using real-time quantitative PCR: An emerging technology hits the mainstream. Exp Hematol. 2002;30(6):503-12.

Indice

Printed by Books on Demand GmbH, Norderstedt / Germany